Vorwort des Nobelpreisträgers für Physik Klaus von Klitzing

>> *1980 entdeckte Klaus von Klitzing bei Halbleitern und bei sehr niedrigen Temperaturen und extrem starken Magnetfeldern den **Quanten-Hall-Effekt** und erhielt dafür 1985 den Nobelpreis für Physik.*

Liebe Leserinnen und Leser,

es war eine Sternstunde der Physik als am 26. Januar 1926 der österreichische Physiker Erwin Schrödinger seine Abhandlung "Quantisierung als Eigenwertproblem" zum Abdruck an Wilhelm Wien, den Herausgeber der Annalen der Physik, sandte. Hier war zum ersten Mal die berühmte **Schrödinger-Gleichung** formuliert. Im Prinzip ist Schrödingers Gleichung imstande, alle atomaren Phänomene zu erklären, sie ist die Grundgleichung der Quantenmechanik.

Oft zu Unrecht wird die Quantenmechanik als esoterisches Spiel von Spezialisten angesehen, das für den Laien ohne Bedeutung ist. Aber in Wahrheit hat keine Wissenschaft mehr Konsequenzen für das Denken und die Technik gehabt als diese Physik. Ohne sie wären weder Laser noch Halbleiter denkbar, es gäbe keine Computer. Ohne Quantenmechanik bleibt die chemische Bindung ohne Erklärung und damit die moderne Chemie ohne Grundlage. Die Quantentheorie hat das naturwissenschaftliche Verständnis für unsere Welt grundlegend geändert und **fast alle Forschungs- und Technologiefelder des 21. Jahrhunderts werden von ihr beeinflusst**. Viele Nobelpreise der Physik zeigen, dass ein Verständnis der Quantenmechanik immer wichtiger wird, unsere Welt und die Entwicklung neuer Produkte zu verstehen.

Was zeichnet die vorliegende Schrift von A. Wünschmann aus? Sie ist anders aufgebaut als die üblichen Schulbücher. In ihr werden verschiedene Ebenen vernetzt: Quantenphysik mit Biographie, Bilddokumentation, historischen Bezügen, Originalvorträgen und vielen durchgerechneten Beispielen. Im Mittelpunkt steht die zeitunabhängige Schrödinger-Gleichung, die auf einfache Probleme angewendet wird. Die Bedeutung der mathematischen Beschreibung wird hier dem Leser exemplarisch nahegebracht. Die Schrift ist auch für das **Selbststudium** interessierter Schüler geeignet. Ein gelungenes Buch zum Einstieg in die Quantenmechanik für begabte Oberstufenschüler.

Ich wünsche dem Buch eine weite Verbreitung.

Prof. Dr. Dr. h.c. mult. Klaus von Klitzing
Max-Planck-Institut für Festkörperforschung, Stuttgart

TEIL 1

DER WEG ZUR SCHRÖDINGER-GLEICHUNG

» *Teil 1 konzentriert sich auf die Gedankengänge, die Erwin Schrödinger vor über 80 Jahren zur **Entdeckung seiner berühmten Gleichung** führten. **Die Doppelnatur des Lichtes als Lichtwelle und Lichtquant überträgt sich auf alle Materie**, neben ihre korpuskulare Natur stellt sich – theoretisch und experimentell gleichberechtigt – ihre Wellennatur. Dies nannte Arnold Sommerfeld „unter allen erstaunlichen Entdeckungen des 20. Jahrhunderts die erstaunlichste". Kap. V skizziert einige Lebensstadien des großen österreichischen Physikers Erwin Schrödinger.*

n der geometrischen Optik arbeitet man mit dem Begriff des Lichtstrahles. Dies ist näherungsweise dann möglich, wenn die Abmessungen der Gegenstände wie z. B. Blenden und Schirme, die in den optischen Experimenten verwendet werden, **groß** sind gegenüber der Wellenlänge des Lichtes.

Die Bahn von Teilchen in der klassischen Mechanik hat große Ähnlichkeit mit **der Bahn eines Lichtstrahles in brechenden Medien.** Dazu drei einfache Beispiele.

Geradlinige Ausbreitung des Lichtstrahles entspricht dem Trägheitsgesetz der Mechanik

Abb. 1 zeigt, dass der geradlinigen Ausbreitung der Lichtstrahlen das Trägheitsgesetz der Mechanik entspricht.

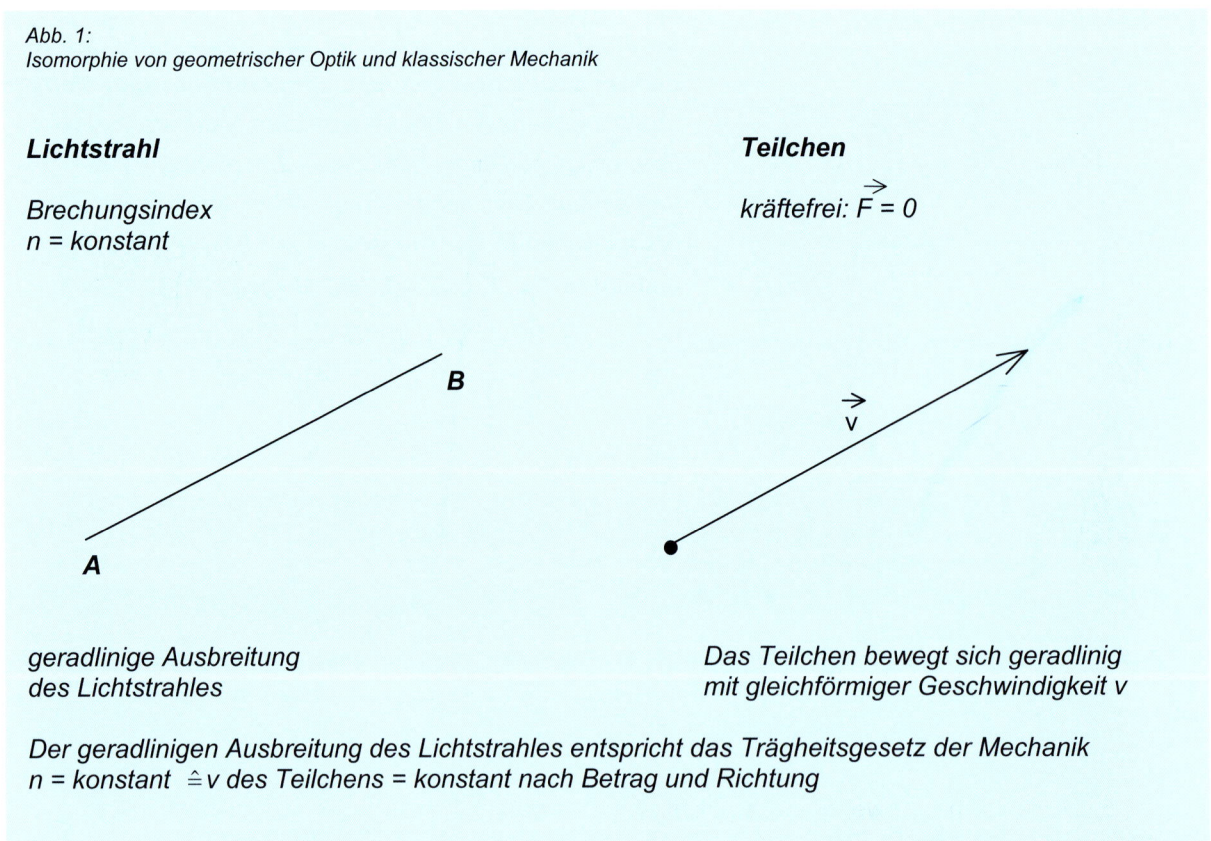

Abb. 1:
Isomorphie von geometrischer Optik und klassischer Mechanik

Lichtstrahl

Brechungsindex
n = konstant

Teilchen

kräftefrei: $\vec{F} = 0$

B

$\vec{v}$

A

geradlinige Ausbreitung
des Lichtstrahles

Das Teilchen bewegt sich geradlinig
mit gleichförmiger Geschwindigkeit v

Der geradlinigen Ausbreitung des Lichtstrahles entspricht das Trägheitsgesetz der Mechanik
n = konstant $\,\hat{=}\,$ v des Teilchens = konstant nach Betrag und Richtung

In den nachfolgenden Beispielen aus der Elektronenoptik werden die Elektronen als **klassische Teilchen** behandelt, d. h. ihre Bewegung in elektrischen und magnetischen Feldern wird durch die klassische Gleichung $\vec{F} = m \cdot \vec{a} = e \cdot (\vec{E} + \vec{v} \times \vec{B})$ beschrieben.

Das Brechungsgesetz

Aus der geometrischen Optik kennen wir das Brechungsgesetz für Lichtstrahlen (Abb. 2 a):

Abb. 2a:
Das Brechungsgesetz in der geometrischen Optik

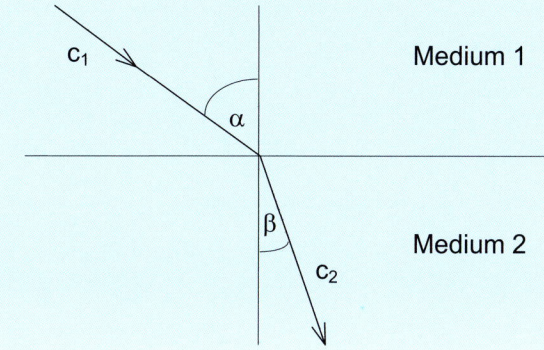

Medium 1

Medium 2

$$\frac{\sin\alpha}{\sin\beta} = \frac{c_1}{c_2} = n_{12}$$

c_1 = Lichtgeschwindigkeit im Medium 1
c_2 = Lichtgeschwindigkeit im Medium 2

Ein solches Brechungsgesetz kennen wir auch in der Elektronenoptik (Abb. 2b)

Abb. 2b:
Die Bahn von Elektronen in einem elektrischen Feld hat große Ähnlichkeit mit der Bahn des Lichtes in brechenden Stoffen.

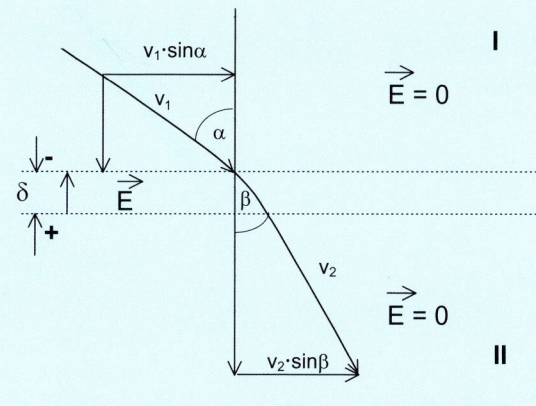

Ein Elektron bewege sich in dem oberen Halbraum **I** mit der Geschwindigkeit v_1. Dann durchlaufe es in einer Schicht δ ein elektrisches Feld mit der Feldstärke $\vec{E}$. Beim Durchlaufen der Schicht wird die der Schicht parallele Komponente $v_1 \cdot \sin\alpha$ **nicht** geändert:

$$v_1 \cdot \sin\alpha = v_2 \cdot \sin\beta$$

$$\rightarrow \quad \frac{\sin\alpha}{\sin\beta} = \frac{v_2}{v_1}$$

Daraus ergibt sich eine weitere Ähnlichkeit zwischen geometrischer Optik und Teilchenphysik:

Lichtstrahl

$$\frac{\sin\alpha}{\sin\beta} = \frac{c_1}{c_2}$$

Teilchen

$$\frac{\sin\alpha}{\sin\beta} = \frac{v_2}{v_1}$$

Weitere Ähnlichkeit

Schließlich wollen wir noch die Sammellinse erwähnen (Abb. 3a): Lichtstrahlen, die von P (außerhalb der Brennweite) ausgehen, werden in P' vereinigt.

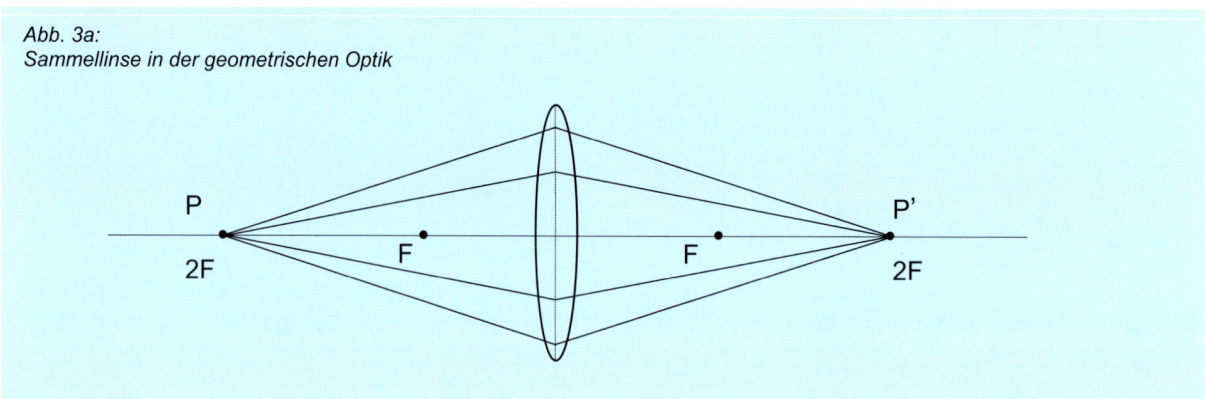

Abb. 3a:
Sammellinse in der geometrischen Optik

So etwas gibt es auch in der Elektronenoptik: H. Busch entdeckte 1926: Die von einem Punkte P mit gleicher Geschwindigkeit und geringer Neigung gegen die Kraftlinien eines magnetischen Feldes ausgehenden Elektronen werden durch das Feld in einem Punkt P' vereinigt, der das **elektronenoptische** Bild des Punktes P darstellt (Abb. 3b).

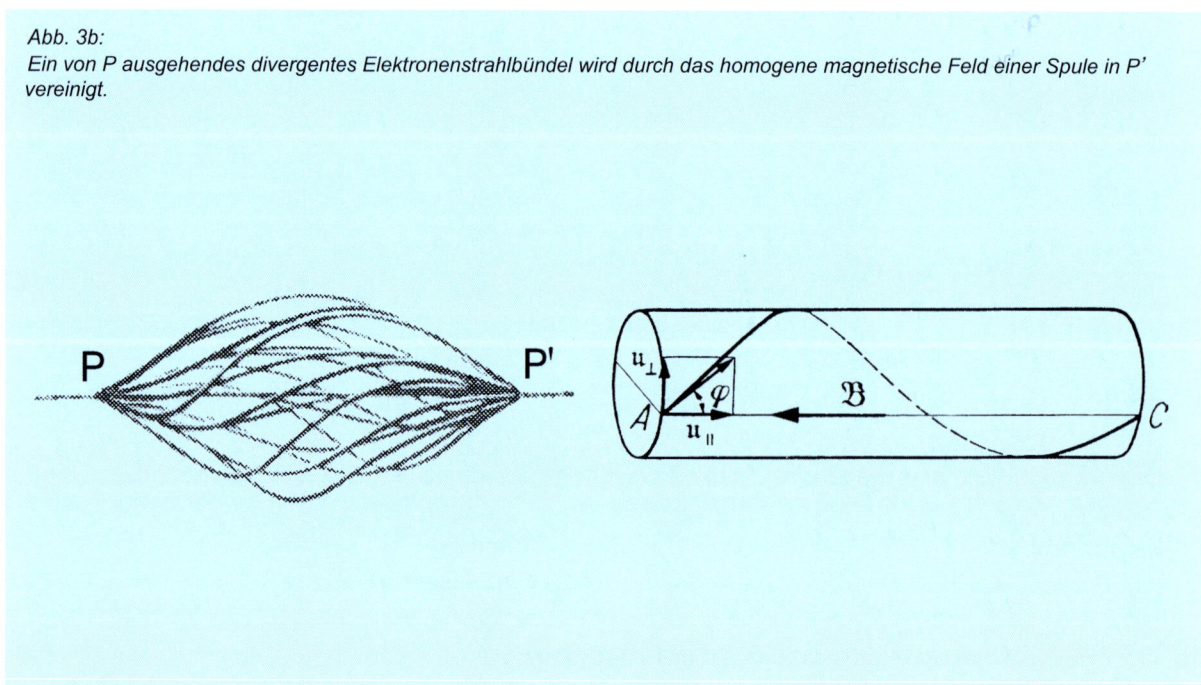

Abb. 3b:
Ein von P ausgehendes divergentes Elektronenstrahlbündel wird durch das homogene magnetische Feld einer Spule in P'
vereinigt.

Das Busch'sche Gesetz (Abb.3b) soll kurz bewiesen werden. Dazu zerlegen wir die Geschwindigkeit u in zwei Komponenten:

$u_{\parallel} = u \cdot \cos\varphi$ = Komponente in Richtung des Magnetfeldes $\vec{B}$

$u_{\perp} = u \cdot \sin\varphi$ = Komponente senkrecht zu $\vec{B}$

Bahnkurve = Überlagerung von Kreisbewegung und gleichförmiger Bewegung in Richtung $\vec{B}$ = schraubenlinienförmige Bahn. Für die Kreisbewegung gilt:

$$\frac{m \cdot u_{\perp}^2}{r} = e \cdot u_{\perp} \cdot B \text{ und } u_{\perp} = \frac{2\pi \cdot r}{T} \quad \rightarrow \quad T = \frac{2\pi}{\dfrac{e \cdot B}{m}},$$

d. h. nach T haben alle Elektronen **unabhängig** von φ eine Kreisbewegung ausgeführt. $\overline{AC}$ ist der in T zurückgelegte Weg:

$$\overline{AC} = u \cdot \cos\varphi \cdot T = \frac{u \cdot \cos\varphi \cdot 2\pi}{\dfrac{e \cdot B}{m}} \text{ . Für kleine } \varphi \text{ ist } \cos\varphi \approx 1.$$

$$\rightarrow \overline{AC} = \frac{u \cdot 2\pi}{\dfrac{e \cdot B}{m}},$$

also **unabhängig** von φ. Daher treffen alle von A unter kleinem Winkel φ gegen die magnetischen Kraftlinien ausgehenden Elektronen wieder in C ein, dessen Abstand von A gleich

$$\overline{AC} = \frac{u \cdot 2\pi}{\dfrac{e \cdot B}{m}} \text{ ist.}$$

C ist das „Bild" von A. Man kann die lange Spule als eine **Elektronenlinse** auffassen.

Busch zeigte, dass man mit magnetischen und elektrischen Linsen ebenso wie bei optischen Linsen eine Brennweite definieren und vergrößerte reelle Bilder erzeugen kann. Das ist bekanntlich die Grundlage der Elektronenmikroskope.

Ergebnis

Ein mechanisches Teilchen, z. B. ein Elektron, beschreibe in einem Kraftfeld eine bestimmte Bahn. Dann lässt sich stets ein mit der **Teilchenbahn identischer Lichtstrahlweg** konstruieren. Dies geschieht über eine geeignete Wahl von Brechungsindices. Zwischen geometrischer Optik und klassischer Mechanik liegt eine weitgehende **mathematische Isomorphie** vor.

Die Frage Schrödingers

Und nun wollen wir gleich im Sinne Erwin Schrödingers weiterfragen: Die geometrische Optik ist bekanntlich nur eine Näherung. Sie versagt, wenn z. B. das Licht durch Öffnungen hindurchgeht, deren Ausdehnung in der Größenordnung der Lichtwellenlänge liegt. Denn dann tritt das Phänomen der **Beugung** auf, das die geometrische Optik **nicht** erklären kann. Immer wenn man sehr genaue Untersuchungen durchführen will, reicht also die geometrische Optik nicht aus und man muss die **exakte Wellenoptik** verwenden.

Vielleicht - so fragte Schrödinger - verhält es sich mit der klassischen Mechanik ebenso. Vielleicht besitzt auch sie einen beschränkten Gültigkeitsbereich? In Wirklichkeit steht vielleicht eine exaktere **Wellenmechanik** hinter ihr? Wenn das so ist, dann muss überall in den weiten Gebieten, in denen sich Newtons klassische Mechanik bewährt hat, die Wellenlänge dieser „Materiewellen" sehr klein sein. Aber vielleicht gibt es Bereiche der Physik, in denen das nicht mehr der Fall ist, wo also die klassische Mechanik falsch wird und eine exaktere **Wellenmechanik** an ihre Stelle treten muss.

Dieser Fragestellung Schrödingers wollen wir uns jetzt zuwenden und über den **Dualismus Welle-Teilchen beim Licht und bei der Materie vertiefen.**

In seinem Vortrag bei der Heidelberger Tagung der Naturforschergesellschaft 1889 zog **Heinrich Hertz** (1857-1894) die allgemeinen Folgerungen aus seinen Versuchen über elektrische Wellen und sagte über die Natur des Lichtes folgendes: „Was ist das Licht? Seit den Zeiten Youngs und Fresnels wissen wir, dass es eine Wellenbewegung ist. Wir kennen die Geschwindigkeit der Wellen, wir kennen ihre Länge, wir wissen, dass es Transversalwellen sind; wir kennen mit einem Worte die geometrischen Verhältnisse der Bewegung vollkommen. An diesen Dingen ist ein Zweifel nicht mehr möglich, eine Widerlegung dieser Anschauung ist für den Physiker undenkbar. Die Wellentheorie des Lichtes ist, menschlich gesprochen, Gewissheit."

Ist diese Gewissheit inzwischen erschüttert worden? In allen Fragen der **Interferenz** und **Beugung** hat die **Wellenlehre** nicht nur ihre Stellung behauptet, sondern sie hat neuen Boden gewonnen: sie hat sich ausgedehnt, nach der Seite der kleinen Wellenlängen bis hinab zu den Röntgen- und γ- Strahlen, nach der Seite der großen Wellenlängen bis zu den Kilometerwellen der drahtlosen Telegraphie. In allen Fragen aber, welche - um mit Einstein zu reden - die **Erzeugung** und **Verwandlung** des Lichtes betreffen, müssen wir mit **Lichtquanten** operieren, d. h. mit Energiezentren, die von der Quelle aus mit Lichtgeschwindigkeit forteilen. Wir wollen diesen Quantenaspekt des Lichtes im folgenden näher betrachten.

Die Quantennatur des Lichtes

Max Planck (1858-1947) gelang es im Jahre 1900, ein Gesetz für die spektrale Verteilung der schwarzen Hohlraumstrahlung aufzustellen. Er musste dazu **neuartige** Annahmen über die Energieausstrahlung machen, die einen grundsätzlichen Bruch mit den bis dahin geltenden Vorstellungen bedeuteten. Planck musste die These aufstellen, dass die Atome eines strahlenden Körpers die Strahlungsenergie **nicht** stetig, sondern nur in Portionen der Größe $E = h \cdot \nu$ abgeben. Die Größe h ist die Planck'sche Konstante = $6,625 \cdot 10^{-34}$ $Joule \cdot sec$ und ν ist die Frequenz der Strahlung.

Albert Einstein (1879-1955) hat 1905 die Planck'sche Annahme weitergeführt: Hiernach soll nicht nur die Abgabe und Aufnahme der Energie in Form von Quanten erfolgen, sondern auch in der Strahlung selbst soll die Energie in Quanten des Betrages $h \cdot \nu$ zusammengeballt sein.

Neben der Hohlraumstrahlung gibt es eine Reihe anderer Erscheinungen, die mit Hilfe der Wellenvorstellung der Strahlung **nicht** verständlich sind und nur über die Quantenvorstellung gedeutet werden können. Wir wollen jetzt zwei solcher Erscheinungen besprechen, den **lichtelektrischen Effekt** und den **Compton-Effekt**.

Der lichtelektrische Effekt

Der lichtelektrische Effekt besteht darin, dass Metalloberflächen bei Bestrahlung mit kurzwelligem Licht Elektronen abgeben, die das Metall mit einer ganz bestimmten Geschwindigkeit bzw. kinetischen Energie verlassen. Der lichtelektrische Effekt zeigt zwei wichtige Eigenschaften, die **Philipp Lenard** (1862-1947) im Jahre 1902 entdeckte:

1. Die Anzahl der beim lichtelektrischen Effekt ausgelösten Elektronen ist der Intensität des auffallenden Lichtes proportional.
2. Die Geschwindigkeit bzw. die Energie der ausgelösten Elektronen ist von der Intensität des auffallenden Lichtes **unabhängig** und hängt nur von der Frequenz des Lichtes ab.

Bei geringer Lichtintensität werden also nur wenige Elektronen ausgelöst, doch ist die Geschwindigkeit dieser Elektronen **nicht** anders als bei den Elektronen, die bei intensiver Bestrahlung mit Licht gleicher Frequenz ausgelöst werden; ändert man dagegen die Frequenz des Lichtes, so ändert sich auch die Geschwindigkeit der ausgelösten Elektronen.

Nicht erklärbar nach der Wellenauffassung

Aus der Wellenvorstellung des Lichtes würde folgen, dass die aus dem Metall ausgelösten Elektronen um so weniger Energie erhalten, je geringer die Intensität des Lichtes ist, ebenso wie vom Winde abgerissene Blätter mit um so weniger Energie fortgetragen werden, je schwächer der Wind ist. Beim lichtelektrischen Effekt können aber die stärksten Lichtintensitäten **keine** schnelleren Elektronen erzeugen als schwaches Licht mit der gleichen Frequenz. Man könnte noch annehmen, dass vielleicht die Elektronen vor ihrem Austritt aus dem Metall so lange Energie aus der Lichtwelle sammeln, bis ein gewisser Betrag erreicht ist. Aber das Experiment zeigt, dass auch bei sehr geringen Lichtintensitäten **sofort** bei Beginn der Belichtung Elektronen ausgelöst werden wenn die Frequenz des Lichtes hinreichend groß ist. Dies ist im Wellenmodell des Lichtes **nicht** deutbar.

Sofort erklärbar nach der Quantenvorstellung

Einstein gelang die Deutung des lichtelektrischen Effektes durch die Quantenvorstellung des Lichtes. Jedes Lichtquant gibt seine Energie $E = h \cdot v$ an ein einziges Elektron ab. Wenn die Energie $h \cdot v$ des Lichtquantes genügend groß ist, kann das Elektron, auf das die Energie übertragen wurde, mit der Geschwindigkeit v aus dem Metall austreten. Es gilt die Energiegleichung: $h \cdot v = A + \dfrac{1}{2} m \cdot v^2$

Die Ablösearbeit A dient dazu, die Kraft, mit der die Elektronen im Metall zurückgehalten werden, zu überwinden.

Beispiel: Violettes Licht mit der Wellenlänge $\lambda = 4000\ \text{Å}$ fällt im Vakuum auf ein Metallblech. Die **Ablösearbeit A** für Elektronen aus Metallen liegt in der Größenordnung von 1 bis 5 eV. Wie groß darf bei „violetten" Lichtquanten die Ablösearbeit maximal sein, so dass der lichtelektrische Effekt gerade noch eintritt?
Es gilt der Energiesatz: $h \cdot v = A + E_{kin.}$
Der lichtelektrische Effekt ist möglich, wenn $E_{kin.} \geq 0$, d. h. $h \cdot v \geq A$ ist.

Da $c = \lambda \cdot v \;\rightarrow\; v = \dfrac{c}{\lambda} \;\rightarrow\; \dfrac{h \cdot c}{\lambda} \geq A$

Werte eingesetzt:

$$\frac{h \cdot c}{\lambda} = \frac{6{,}625 \cdot 10^{-34}\, Joule \cdot sec \cdot 3 \cdot 10^{8}\, \dfrac{m}{sec}}{4000 \cdot 10^{-10}\, m} = 4{,}969 \cdot 10^{-19}\, Joule$$

1 eV ist die Energie, die ein Elektron beim Durchlaufen einer Spannung von 1 V als kinetische Energie gewinnt: $E_{kin.} = e \cdot U = 1{,}6 \cdot 10^{-19}\, Cb \cdot 1V = 1{,}6 \cdot 10^{-19}\, Joule = 1\ eV$.

Also

$$A \leq \frac{4{,}969 \cdot 10^{-19}}{1{,}6 \cdot 10^{-19}}\, eV$$

$A \leq 3{,}1\,eV$

„Violette" Lichtquanten haben eine Energie von $h \cdot v = 3{,}1\ eV$ und können daher bei Metallen, deren Ablösearbeit $A \leq 3{,}1\ eV$ ist, Elektronen aus der Oberfläche herauslösen.

Beispiel: Atome eines strahlenden Körpers geben die Strahlungsenergie nicht stetig, sondern in Form von „Energiepaketen" = Lichtquanten ab. Diese Lichtquanten haben die Energie $E = h \cdot v$ und die Ruhmasse $m_0 = 0$. Zeige, dass sich dann nach Einstein für den Impuls des Lichtquantes die Größe $p = \dfrac{h \cdot v}{c}$ ergibt.

Nach Einstein gilt: $m = \dfrac{m_0}{\sqrt{1 - \dfrac{v^2}{c^2}}}$ und $p = m \cdot v = \dfrac{m_0}{\sqrt{1 - \dfrac{v^2}{c^2}}} \cdot v$

oder: $\qquad m c^2 = \dfrac{m_0 c^2}{\sqrt{1 - \dfrac{v^2}{c^2}}} \qquad$ beide Seiten quadriert

$$m^2 c^4 = \frac{m_0^2 c^4}{1 - \dfrac{v^2}{c^2}} \;\rightarrow\; m^2 c^4 - m^2 v^2 c^2 = m_0^2 c^4$$

und da $\qquad p = mv \qquad \rightarrow\ m^2 c^4 = m_0^2 c^4 + p^2 c^2$

oder $\qquad$ **$E^2 = E_0^2 + p^2 c^2$** (relativistisch korrekte Relation zwischen E, E_0 und p)

$E = m\,c^2 \qquad$ = Gesamtenergie

$E_0 = m_0\, c^2$ = Ruhenergie

Für Lichtquanten ist $m_0 = 0 \rightarrow E_0 = 0$

$$\rightarrow E^2 = p^2 c^2 \rightarrow \mathbf{p} = \frac{\mathbf{E}}{\mathbf{c}} = \frac{\mathbf{h \cdot \nu}}{\mathbf{c}}$$

Die Beziehungen $E = h\,\nu$ und $p = \dfrac{h \cdot \nu}{c}$ sind durch das Experiment, z. B. durch den Compton-Effekt, bestens bestätigt worden.

Der Compton-Effekt

Eine weitere wichtige Bestätigung für die Quantenvorstellung des Lichtes ist der **Compton-Effekt**: Lässt man kurzwellige Röntgen- oder γ- Strahlen bestimmter Wellenlänge auf einen geeigneten festen Körper wie Graphit fallen, so beobachtet man eine seitlich austretende Streustrahlung, die eine etwas **größere Wellenlänge** als die Primärstrahlung aufweist.

Nicht erklärbar nach der Wellenauffassung

Diese 1922 von A. H. Compton (1892-1954) gefundene **Vergrößerung der Wellenlänge** der Streustrahlung lässt sich mit der Wellenauffassung der Strahlung grundsätzlich **nicht** erklären. Denn wenn freie Elektronen von einer elektromagnetischen Lichtwelle überstrichen werden, so müssen sie wegen der periodisch sich ändernden elektrischen Kräfte zu Schwingungen veranlasst werden. Jedes schwingende Elektron stellt aber einen Dipol dar, der neue elektromagnetische Strahlung aussendet. Es tritt eine Erscheinung ein, die man als **Streuung** bezeichnet; die Energie der primären Strahlung wird teilweise aus ihrer ursprünglichen Fortpflanzungsrichtung abgelenkt und von den Streuzentren nach den verschiedenen Richtungen verteilt. Nach dieser Wellenauffassung muss die Streustrahlung die **gleiche Wellenlänge** wie die Primärstrahlung haben, denn die Frequenz der Streustrahlung ist gleich der des schwingenden Elektrons, und dieses schwingt mit der gleichen Frequenz wie die erregende Primär-strahlung. Die von Compton gefundene Vergrößerung der Wellenlänge der Streustrahlung lässt sich also so nicht deuten.

Sofort erklärbar nach der Quantenvorstellung

Dagegen finden wir eine Erklärung in der Annahme, dass ein einzelnes Röntgenquant gegen ein Elektron stößt, wobei der **Energie- und Impulserhaltungssatz** gelten. Durch diesen Zusammenstoß wird das Elektron in Bewegung gesetzt und das Röntgenquant aus seiner ursprünglichen Richtung abgelenkt (Abb. 4). Das Röntgenquant gibt dabei einen Teil seiner Energie und seines Impulses an das Elektron ab; mit der Energieabgabe ist aber eine Zunahme der Wellenlänge verbunden.

Beispiel: Berechne die Wellenlängenverschiebung $\Delta\lambda$ beim Compton-Effekt mittels des **Energie-und Impulssatzes**. Das Röntgenquant wird als Teilchen mit der Energie $h \cdot \nu$ und dem Impuls $\dfrac{h\nu}{c}$ aufgefasst, das wie eine Billardkugel Energie und Impuls an das gestoßene Elektron abgibt. Bothe (1891-1957) und Geiger (1882-1945) haben 1925 durch Koinzidenzmessungen nachgewiesen, dass die Streuung des Röntgenquantes und der Rückstoß des Elektrons **gleichzeitig** erfolgen. Zeige, dass $\Delta\lambda$ nur vom Winkel ϑ zwischen der Richtung des einfallenden und des gestreuten Röntgenstrahles abhängt (Abb. 4).

Die Energie der Röntgenquanten sei so gering, dass klassisch gerechnet werden kann. Das ist z.B. der Fall für Röntgenstrahlung mit $\lambda = 0{,}72\,\mathring{A} = 72\,\text{pm} = K_\alpha$ - Linie von Molybdän.

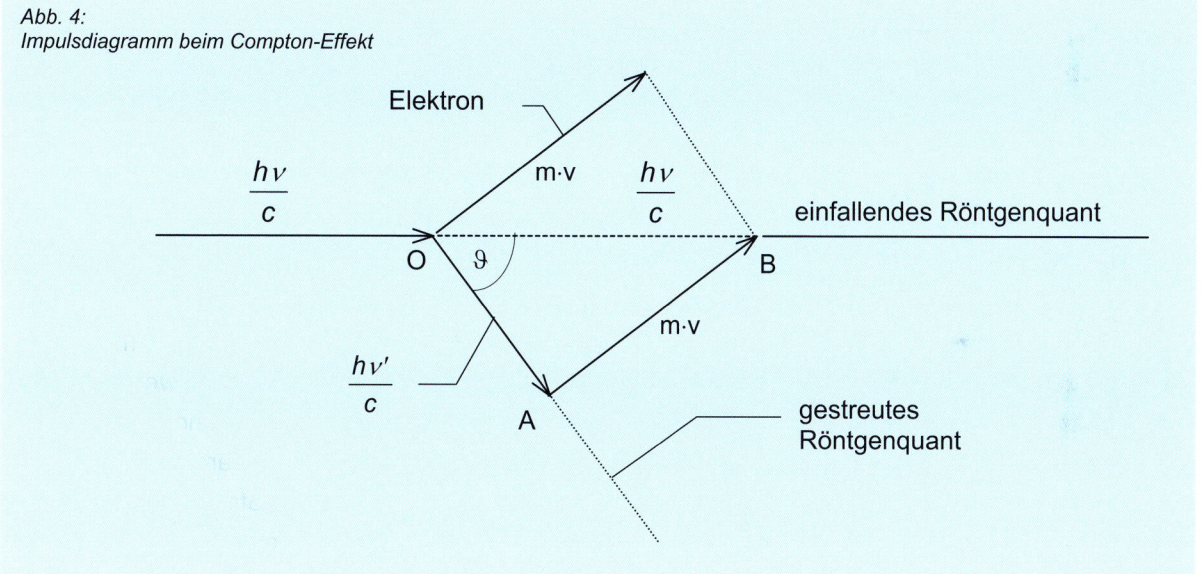

Abb. 4:
Impulsdiagramm beim Compton-Effekt

Frequenz des gestreuten Röntgenquantes:

$$\nu' = \nu - \left(\nu - \nu'\right) = \nu - \Delta\nu$$

Der Energiesatz ergibt:

$$h\nu = h\nu' + \frac{1}{2}mv^2$$

$$h\nu = h\left(\nu - \Delta\nu\right) + \frac{1}{2}mv^2$$

$$\rightarrow \quad \frac{mv^2}{2} = h\cdot\Delta\nu \quad \left(\text{Gleichung 1}\right)$$

Der Impulssatz ergibt durch Anwendung des Kosinussatzes im Dreieck OAB:

$$m^2 v^2 = \left(\frac{h\,v}{c}\right)^2 + \left(\frac{h\,v'}{c}\right)^2 - 2\frac{h\,v}{c}\cdot\frac{h\,v'}{c}\cos\vartheta$$

Da $\quad v' = v - \Delta v,$ folgt:

$$m^2 v^2 = \left(\frac{h\,v}{c}\right)^2 + \left(\frac{h(v-\Delta v)}{c}\right)^2 - 2\frac{h\,v}{c}\cdot\frac{h(v-\Delta v)}{c}\cos\vartheta$$

$$= \frac{h^2 v^2}{c^2} + \frac{h^2 v^2}{c^2}\left(1 - 2\frac{\Delta v}{v} + \frac{\Delta v^2}{v^2}\right) - 2\frac{h^2 v^2}{c^2}\cos\vartheta + 2\frac{h^2 v^2}{c^2}\frac{\Delta v}{v}\cos\vartheta$$

$$= \frac{h^2 v^2}{c^2}\cdot\left[1 + \left(1 - \frac{\Delta v}{v}\right)^2 - 2\cos\vartheta + 2\frac{\Delta v}{v}\cos\vartheta\right]$$

$$m^2 v^2 = \frac{h^2 v^2}{c^2}\cdot\left[1 + 1 - 2\frac{\Delta v}{v} + \left(\frac{\Delta v}{v}\right)^2 - 2\cos\vartheta + 2\frac{\Delta v}{v}\cos\vartheta\right]$$

Das Glied $\left(\dfrac{\Delta v}{v}\right)^2$ kann vernachlässigt werden, da Δv klein gegenüber v.

Beide Seiten durch $2m$ geteilt und Gleichung 1 berücksichtigt:

$$\frac{m\cdot v^2}{2} = h\cdot\Delta v = \frac{h^2 \cdot v^2}{m\cdot c^2}\cdot\left(1 - \frac{\Delta v}{v} - \cos\vartheta + \frac{\Delta v}{v}\cos\vartheta\right)$$

$$h\cdot\Delta v = \frac{h^2 \cdot v^2}{m\cdot c^2}\cdot\left(1 - \frac{\Delta v}{v}\right)\cdot\left(1 - \cos\vartheta\right)$$

$$\Delta v = \frac{h\cdot v^2}{m\cdot c^2}\cdot\left(\frac{v - \Delta v}{v}\right)\cdot\left(1 - \cos\vartheta\right) \quad\Big|\cdot\frac{c}{v}$$

$$\frac{c}{v}\cdot\frac{\Delta v}{(v - \Delta v)} = \frac{h\cdot v}{m\cdot c^2}\cdot\frac{c}{v}\cdot\left(1 - \cos\vartheta\right)$$

Es ist: $\quad c = \lambda\cdot v \rightarrow \lambda = \dfrac{c}{v}$

Es ist: $\Delta\lambda = \left(\lambda + \Delta\lambda\right) - \lambda = \dfrac{c}{v - \Delta v} - \dfrac{c}{v} = \dfrac{c\cdot\Delta v}{v\cdot(v - \Delta v)}$

$$\rightarrow \quad \Delta\lambda = \frac{h}{m\cdot c}\cdot\left(1 - \cos\vartheta\right)$$

Aus der Trigonometrie ist bekannt:

$$1 - \cos \vartheta = 2 \cdot \sin^2 \frac{\vartheta}{2}$$

$$\rightarrow \quad \Delta\lambda = \frac{2 \cdot h}{m \cdot c} \sin^2 \frac{\vartheta}{2}$$

Nun ist:
$$\frac{2 \cdot h}{m \cdot c} = \frac{2 \cdot 6,625 \cdot 10^{-34} \, kg \cdot \dfrac{m^2}{sec^2} \cdot sec}{9,1 \cdot 10^{-31} \, kg \cdot 3 \cdot 10^8 \, \dfrac{m}{sec}} \quad [m]$$

$$= 0,485 \cdot 10^{-11} \, m = 0,0485 \cdot 10^{-10} \, m$$

$$= 0,0485 \, \overset{\circ}{A} \qquad 1 \, \overset{\circ}{A} = 10^{-10} \, m$$

$$\boxed{\Delta\lambda = 0,0485 \cdot \sin^2 \frac{\vartheta}{2} \quad [\overset{\circ}{A}]}$$

Für $\vartheta = 90°$ ergibt sich $\Delta\lambda = \dfrac{h}{m \cdot c} = 0,024 \, \overset{\circ}{A}$

Für $\vartheta = 180°$ ergibt sich $\Delta\lambda = \dfrac{2 \cdot h}{m \cdot c} = 0,0485 \, \overset{\circ}{A}$

Die Wellenlängenverschiebung $\Delta\lambda$ hängt in der Tat nur vom Streuwinkel ϑ ab. Diese Streuformel ist durch das Experiment in allen Details bestätigt worden. Wegen der relativ großen Masse des Elektrons tritt eine messbare Verschiebung der Wellenlänge erst bei energiereichen Röntgenstrahlen auf.

Zusammenfassung

Das Licht ist weder eine Welle, noch ein Teilchen, sondern ein Etwas, das sich der anschaulichen Beschreibung durch ein einziges Modell entzieht. Einzelne Aspekte sind durch das Quantenmodell, andere durch das Wellenmodell erfassbar. Man spricht von einem **Dualismus von Welle und Teilchen**.

Modell	Erfassbare Erscheinungen
Wellenmodell des Lichtes	Interferenz und Beugung des Lichtes
Quantenmodell des Lichtes	Entstehung des Lichtes, lichtelektrischer Effekt, Compton-Effekt

Im nächsten Kapitel werden wir sehen, dass der gleiche Dualismus auch bei materiellen Teilchen, z. B. bei Elektronen, anzutreffen ist.

W ir wollen unsere Isomorphieüberlegung

$$\frac{\text{geometrische Optik}}{\text{Wellenoptik}} \sim \frac{\text{klassische Mechanik}}{\text{Wellenmechanik}}$$

wieder aufgreifen und den Gedankengang Schrödingers wiederholen:

Es ist bekannt, dass die geometrische Optik nur eine Näherung ist und dass sie für kleine Wellenlängen anstelle der exakten Wellentheorie treten kann.

Vielleicht verhält es sich ähnlich mit der klassischen Mechanik, so dass diese ebenfalls nur einen **begrenzten** Gültigkeitsbereich besitzt. In Wirklichkeit steht vielleicht eine **Wellenmechanik** hinter ihr. Wenn das so ist, dann muss überall in den weiten Gebieten, in denen sich Newtons klassische Mechanik bewährt hat, die „Wellenlänge" dieser „Materiewellen" sehr klein sein. Vielleicht gibt es aber Bereiche in der Physik, in denen das nicht mehr der Fall ist, wo also die klassische Mechanik falsch wird und eine Wellenmechanik an ihre Stelle treten muss.

Diese Vermutung Schrödingers wurde in der Tat durch die Versuche von Davisson und Germer (1927) glänzend bestätigt.

Die Versuche von Davisson und Germer (1927)

1927 entdeckten Davisson und Germer, dass man mit Elektronenstrahlen an Kristallen **Beugungserscheinungen** beobachten kann, die denen der Röntgenstrahlung nach v. Laue vollkommen analog sind (Abb. 5).

Abb. 5:
Vergleich von Elektronenbeugung und Röntgenstrahlbeugung an einer Metallfolie (nach Mark und Wierl).
a) Beugung von 36 kV-Elektronen ($\lambda = 0{,}06$ Å) an einer Silberfolie, b) Beugung von Röntgenstrahlen (Kupfer K_α-Strahlung $\lambda = 1{,}54$ Å) an einer Silberfolie.

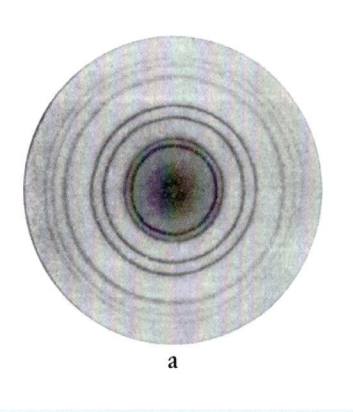
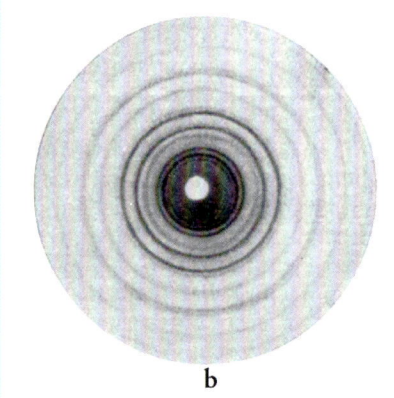

a

b

Diese auf eine Wellennatur der Elektronen hinweisenden Versuche werden heute oft zur Aufklärung von Molekül- und Kristallstrukturen angewendet. Durch **Elektronenbeugungsversuche** an Kristallgittern mit bekannter Gitterkonstante kann man wie bei Röntgenstrahlung die Wellenlänge der den Elektronen entsprechenden „Materiewellen" bestimmen. Derartige Versuche ergaben die Beziehung

$$\lambda = \frac{h}{p} = \frac{h}{m \cdot v}$$

h ist das Planck'sche Wirkungsquantum und p der Impuls der Teilchen. Man nennt diese Formel „de Broglie-Beziehung".

(Auf Seite 12 hatten wir eine ganz ähnliche Formel für Lichtquanten gefunden: $p = \frac{h \cdot v}{c}$.

Da $c = \lambda \cdot v \rightarrow p = \frac{h}{\lambda}$, d.h. $\lambda = \frac{h}{p} = \frac{h}{mc}$.)

Beispiel für die Wellenlänge von Elektronen

Energie der Elektronen	10	10^2	10^3	10^4	eV
de Broglie-Wellenlänge	3,9	1,2	0,39	0,12	10^{-10} m oder Å

Elektronen von 10 000 eV besitzen also z. B. eine Wellenlänge von 0,12 Å entsprechend der harten Röntgenstrahlung.

Derartige Beugungsversuche lassen sich auch mit Atom-, Molekül- und Neutronenstrahlen durchführen.

Ergebnis

Durch alle diese Versuche ist eindeutig der Nachweis erbracht, dass auch materielle Teilchenstrahlen von Elektronen, Atomen und Molekülen bei geeigneten Experimenten **Wellenphänomene** erzeugen können. Da die Makrophysik = klassische Physik es jedoch durchweg mit so großen Massen zu tun hat, ist $\lambda = \frac{h}{m \cdot v}$ so klein, dass λ weit unter der Nachweisgrenze bleibt.

Man kann also in der Tat sagen, dass die klassische Mechanik nur eine Näherung ist und dass sie für kleine de Broglie-Wellenlängen anstelle der exakten Wellenmechanik treten kann.

Beispiel: Elektronen durchlaufen die elektrische Beschleunigungsspannung von U Volt. Berechne ihre de Broglie-Wellenlänge λ als Funktion von U. Abb. 5 zeigt das Beugungsbild von 36 kV-Elektronen an einer Silberfolie. Berechne ihre de Broglie-Wellenlänge.

Es gilt: $E_{kin.} = \frac{1}{2} \cdot m \cdot v^2 = e \cdot U \qquad | \cdot m$

Dieser Ansatz setzt die Elektronenmasse als konstant voraus, was bis zu einigen 10 000 V Beschleunigungsspannung praktisch richtig ist.

$$\rightarrow \quad \frac{m^2 v^2}{2} = e \cdot U \cdot m, \qquad \text{da } p = m v$$

$$\rightarrow \quad p^2 = 2 e \cdot U \cdot m \quad \rightarrow \quad p = \sqrt{2 e \cdot U \cdot m}$$

Für die de Broglie - Wellenlänge gilt: $\lambda = \dfrac{h}{p} = \dfrac{h}{\sqrt{2 e \cdot U \cdot m}} = \dfrac{h}{\sqrt{2 e \cdot m}} \cdot \dfrac{1}{\sqrt{U}}$

Werte eingesetzt: $\lambda = \dfrac{6{,}625 \cdot 10^{-34} \, Joule \cdot sec}{\sqrt{2 \cdot 1{,}6 \cdot 10^{-19} \, Cb \cdot 1V \cdot 9{,}1 \cdot 10^{-31} \, kg}} \cdot \dfrac{1}{\sqrt{U}}$

$$1 Cb \cdot 1V = 1 \, Joule = 1 \, Nm = 1 \, kg \, \frac{m^2}{sec^2}$$

$$\lambda = \frac{66{,}25 \cdot 10^{-10} \, kg \cdot \dfrac{m^2}{sec}}{\sqrt{29{,}12 \, kg^2 \cdot \dfrac{m^2}{sec^2}}} \cdot \frac{1}{\sqrt{U}} = \frac{\textbf{12,3}}{\sqrt{\textbf{U}}} \, \overset{\circ}{\textbf{A}} \quad \text{wobei} \quad 1 \overset{\circ}{A} = 10^{-10} \, m$$

Für 36 kV- Elektronen = Elektronen, die eine Spannung von 36 000 V durchlaufen haben, ergibt sich:

$$\lambda = \frac{12{,}3}{\sqrt{36\,000}} \, \overset{\circ}{A} = \frac{12{,}3}{189{,}74} \, \overset{\circ}{A} \approx \textbf{0,06} \, \overset{\circ}{\textbf{A}}$$

Ihre de Broglie-Wellenlänge beträgt 0,06 Å, was im Bereich harter Röntgenstrahlung liegt.

Beispiel: Ein makroskopischer Körper der Masse m = 1 kg fliegt mit einer Geschwindigkeit von 100 m/sec. Wie groß ist seine de Broglie-Wellenlänge?

Es gilt:

$$\lambda = \frac{h}{m \cdot v} = \frac{6{,}625 \cdot 10^{-34} \, kg\,m^2 \cdot sec}{1 \, kg \cdot 100 \dfrac{m \, sec^2}{sec}} = 6{,}625 \cdot 10^{-36} \, m = \textbf{6,625} \cdot \textbf{10}^{-26} \, \overset{\circ}{\textbf{A}}$$

Die de Broglie-Wellenlänge ist also praktisch Null, der makroskopische Körper unterliegt daher **streng** den Gesetzen der klassischen Physik.

Wir zeigen jetzt, wie Erwin Schrödinger 1926 zu seiner berühmten Gleichung gelangte. Dazu sei zunächst an einige physikalische Tatsachen aus der Wellenphysik erinnert:

Gleichförmige Kreisbewegung und harmonische Schwingung

Die harmonische Schwingung lässt sich in einfacher Weise aus der gleichförmigen Kreisbewegung entwickeln: Läuft der Punkt P mit konstanter Geschwindigkeit auf dem Kreis mit dem Radius r = A, so beschreibt sein Schattenbild P' auf dem Schirm SS eine **harmonische Schwingung**. Es gilt:

$$y(t) = A \cdot \sin\varphi = A \cdot \sin\omega \cdot t = A \cdot \sin\frac{2\pi}{T} \cdot t = A \cdot \sin 2\pi\, \nu \cdot t$$

y heißt Elongation = Verrückung des schwingenden Masseteilchens.

A = Amplitude = Maximalwert des Ausschlages aus der Nulllage.

T = Schwingungsdauer = Zeit, die zur Durchführung einer Schwingung erforderlich ist.

ν = Frequenz $= \dfrac{1}{T}$.

ω = Kreisfrequenz $= \dfrac{2\pi}{T} = \dfrac{\Delta\varphi}{\Delta t} = 2\pi\,\nu$.

Abb. 6:
Harmonische Schwingung als Projektion einer gleichförmigen Bewegung im Kreise. Hier wurden r = A = 2,5 cm und

T = 4 sec gewählt, d. h. $y(t) = 2{,}5\ cm \cdot \sin\dfrac{\pi}{2} \cdot t.$

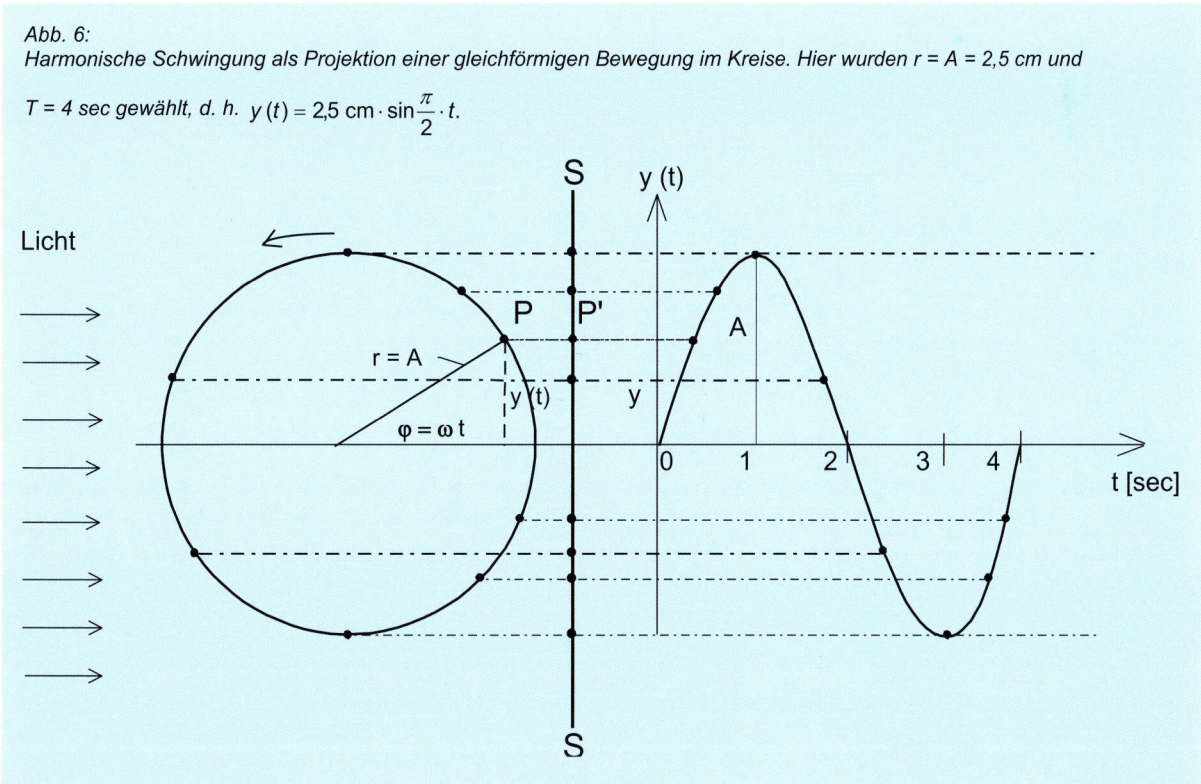

Entstehung von Wellen

Eine Welle entsteht, wenn eine Reihe gekoppelter, schwingungsfähiger Teilchen nacheinander gleichartige Schwingungen ausführt (Abb. 7).

Es handelt sich hierbei um einen **doppelt periodischen** Vorgang: Jedes einzelne Teilchen führt eine **zeitlich periodische Bewegung** durch, und die **Gesamtheit** der schwingenden Teilchen weist zu einem bestimmten Zeitpunkt eine **räumlich periodische Verteilung** auf.

Schwingen die Teilchen senkrecht zur Fortpflanzungsrichtung, so spricht man von **Quer- oder Transversalwellen**. Schwingen die Teilchen in der Fortpflanzungsrichtung, so spricht man von **Längs- oder Longitudinalwellen**.

Abb. 7:
Bildung fortschreitender Querwellen. Hat das nullte Teilchen eine Schwingung vollendet, fängt das 12. Teilchen seine Bewegung an.

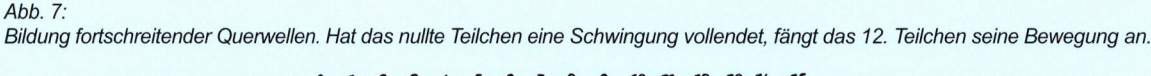

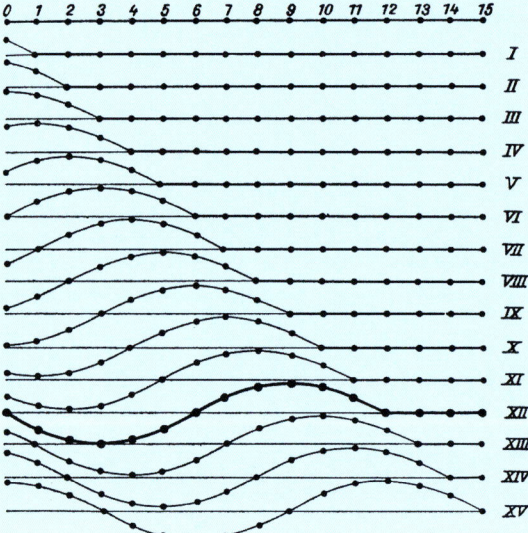

Mathematische Beschreibung der Wellenbewegung

Abb. 7 zeigt: Hat das nullte Teilchen in der Zeit T eine komplette Schwingung vollbracht, so hat sich die Wellenerregung um λ ausgebreitet. Für die Fortpflanzungsgeschwindigkeit c einer Welle ergibt sich also:

$$c = \frac{\lambda}{T} = \lambda \cdot \nu$$

λ = Wellenlänge = Abstand zweier aufeinanderfolgender, **im gleichen** Bewegungszustand schwingender Teilchen.

Für die Auslenkung eines harmonisch schwingenden Punktes aus seiner Ruhelage gilt:

$$y(t) = A \cdot \sin \frac{2\pi}{T} \cdot t$$

Dabei bedeutet t die jeweilige Zeit der Beobachtung; für $t = 0$ ist auch $y = 0$, d. h. in diesem Augenblick geht das an der Störstelle schwingende Teilchen gerade durch die Ruhelage. Wenn die Welle sich nun mit der Geschwindigkeit c ausbreitet, so wird ein in der Entfernung x von der Störstelle befindliches Teilchen seine Schwingung um so viel später beginnen, wie die Welle zum Durchlaufen der Strecke x braucht; diese Zeit beträgt aber $\frac{x}{c}$. Der Schwingungszustand dieses Teilchens zu einer beliebigen Zeit t stimmt also mit demjenigen des Anfangspunktes zur Zeit $\left(t - \frac{x}{c}\right)$ überein. Wir können also für irgendein Teilchen im Abstand x von der Störstelle die Bewegungsgleichung in der Form

$$\phi(x,t) = A \cdot \sin \frac{2\pi}{T} \cdot \left(t - \frac{x}{c}\right) = A \cdot \sin 2\pi \cdot \left(\frac{t}{T} - \frac{x}{\lambda}\right)$$

schreiben. In dieser Gleichung kommt sowohl die **zeitliche** als auch die **räumliche Periodizität**, die beide für eine Wellenbewegung charakteristisch sind, zum Ausdruck. Betrachten wir nämlich **einen bestimmten Raumpunkt**, d. h. setzen wir x = konstant, so gibt die Gleichung den **zeitlich periodischen Vorgang** an dem betreffenden Ort x wieder; es ergibt sich eine Sinuskurve als graphische Darstellung der von einem Teilchen ausgeführten Schwingung. Betrachten wir dagegen einen **festen Zeitpunkt**, d. h. setzen wir t = konstant, so liefert die Gleichung die **räumlich periodische Verteilung** der verschiedenen Teilchen als Funktion der veränderlichen Koordinate x; die Sinuskurve liefert jetzt ein Momentanbild aller schwingenden Teilchen.

Beispiel: Wie groß ist die Fortpflanzungsgeschwindigkeit einer Welle, wenn die Wellenlänge 80 m und die Schwingungsdauer 0,5 sec beträgt?

$$c = \frac{\lambda}{T} = \frac{80 \, m}{0,5 \, \sec} = \mathbf{160} \, \frac{\mathbf{m}}{\mathbf{sec}}$$

Die Fortpflanzungsgeschwindigkeit der Welle beträgt 160 m/sec.

Beispiel: Wie groß ist die Frequenz einer Rundfunkwelle mit der Wellenlänge 600 m und der Fortpflanzungsgeschwindigkeit 300 000 km/sec?

$$c = \lambda \cdot \nu \qquad \rightarrow \qquad \nu = \frac{c}{\lambda} = \frac{300\,000\,000 \, m}{600 \, m \cdot \sec} = 500\,000 \, \sec^{-1} = \mathbf{5 \cdot 10^5} \, \mathbf{Hz}$$

Die Frequenz der Rundfunkwelle beträgt 500 000 Hz.

Beispiel: Eine Transversalwelle breitet sich in der positiven x-Richtung mit einer Geschwindigkeit von 3 m/sec aus. Sie beginnt zur Zeit Null im Nullpunkt des Koordinatensystems. Die Amplitude sei 10 cm, die Frequenz 0,25 sec^{-1}.

a) Wie groß ist die Wellenlänge?
b) Wann beginnt ein Teilchen bei x = 120 m zu schwingen?
c) Welche Elongation hat dieses Teilchen zur Zeit t = 45 sec?

a) $c = \lambda \cdot v \quad\quad \rightarrow \quad \lambda = \dfrac{c}{v} = \dfrac{3\,m}{sec \cdot 0,25\,sec^{-1}} =$ **12 m**

Die Wellenlänge beträgt 12 m.

b) Hat das Teilchen im Nullpunkt des Koordinatensystems eine Schwingung mit der Schwingungsdauer $T = \dfrac{1}{v} = \dfrac{1}{0,25\,sec^{-1}} =$ 4 sec vollendet, dann hat sich der Schwingungsvorgang um λ = 12 m fortgepflanzt, d. h.

$12\,m \,\hat{=}\, 4\,sec$

$120\,m \,\hat{=}\, \dfrac{4}{12} \cdot 120 =$ **40 sec**

oder:

$$\phi(x,t) = A \cdot \sin 2\pi \left(\dfrac{t}{T} - \dfrac{x}{\lambda} \right) = 0$$

$$\rightarrow \quad \dfrac{t}{T} - \dfrac{x}{\lambda} = 0 \quad \rightarrow \quad \dfrac{t}{4} = \dfrac{120}{12}$$

$$\rightarrow \quad t = 40\ sec$$

Nach 40 sec beginnt das Teilchen bei x = 120 m zu schwingen.

c) Die Elongation dieses Teilchens zur Zeit t = 45 sec beträgt:

$$\phi(x,t) = A \cdot \sin 2\pi \left(\dfrac{t}{T} - \dfrac{x}{\lambda} \right) = 10\,cm \cdot \sin 2\pi \left(\dfrac{45}{4} - \dfrac{120}{12} \right)$$

$$= 10\,cm \cdot \sin 2\pi \cdot 1{,}25 = 10\,cm \cdot \sin 2{,}5\pi = 10\,cm \cdot 1 = \textbf{10 cm}$$

Die Elongation des Teilchens beträgt 10 *cm*, d. h. das Teilchen bei x = 120 m hat nach 45 *sec* die maximale Schwingungsweite A = 10 *cm* erreicht.

Die zeitunabhängige Wellengleichung

$$\phi(x,t) = A \cdot \sin 2\pi \left(\frac{t}{T} - \frac{x}{\lambda} \right)$$

Zur Zeit $t = t_0$ = konstant mache man eine räumliche Momentaufnahme. Man erhält dann die räumliche Verteilung zur Zeit t_0. Es ist dann $\frac{t_0}{T}$ = konstant = C

$$\phi(x,t_0) = A \cdot \sin 2\pi \left(\frac{t_0}{T} - \frac{x}{\lambda} \right) \qquad \rightarrow \qquad \phi(x) = A \cdot \sin 2\pi \left(C - \frac{x}{\lambda} \right)$$

$$\frac{d\phi(x)}{dx} = A \cdot \left(-\frac{2\pi}{\lambda} \right) \cos 2\pi \left(C - \frac{x}{\lambda} \right)$$

$$\frac{d^2\phi(x)}{dx^2} = A \cdot \left(-\frac{2\pi}{\lambda} \right) \cdot \left(-\frac{2\pi}{\lambda} \right) \cdot (-1) \cdot \sin 2\pi \left(C - \frac{x}{\lambda} \right)$$

$$= -\frac{4\pi^2}{\lambda^2} \cdot A \cdot \sin 2\pi \left(C - \frac{x}{\lambda} \right) = -\frac{4\pi^2}{\lambda^2} \cdot \phi(x)$$

Wir erhalten also die **zeitunabhängige Differentialgleichung** für die räumliche Amplitudenverteilung $\phi(x)$ der Welle bei fixiertem Zeitpunkt t_0:

$$\frac{d^2\phi(x)}{dx^2} + \frac{4\pi^2}{\lambda^2} \phi(x) = 0$$

Diese Gleichung gilt auch für elektromagnetische Wellen, d. h. sie gilt auch für die **Wellenoptik**.

Die berühmte zeitunabhängige Schrödinger Gleichung

Wie im vorangegangenen ausgeführt, entdeckten Davisson und Germer, dass materielle Teilchenstrahlen von Elektronen, Atomen und Molekeln bei geeigneten Experimenten Wellenphänomene erzeugen können. Sie fanden die Beziehung:

$$\lambda = \frac{h}{p} = \frac{h}{m \cdot v}. \qquad \text{Da } E = E_{kin.} + V$$

$$\rightarrow \quad E_{kin.} = \frac{p^2}{2m} = E - V \qquad \rightarrow \quad p = \sqrt{2m(E-V)}$$

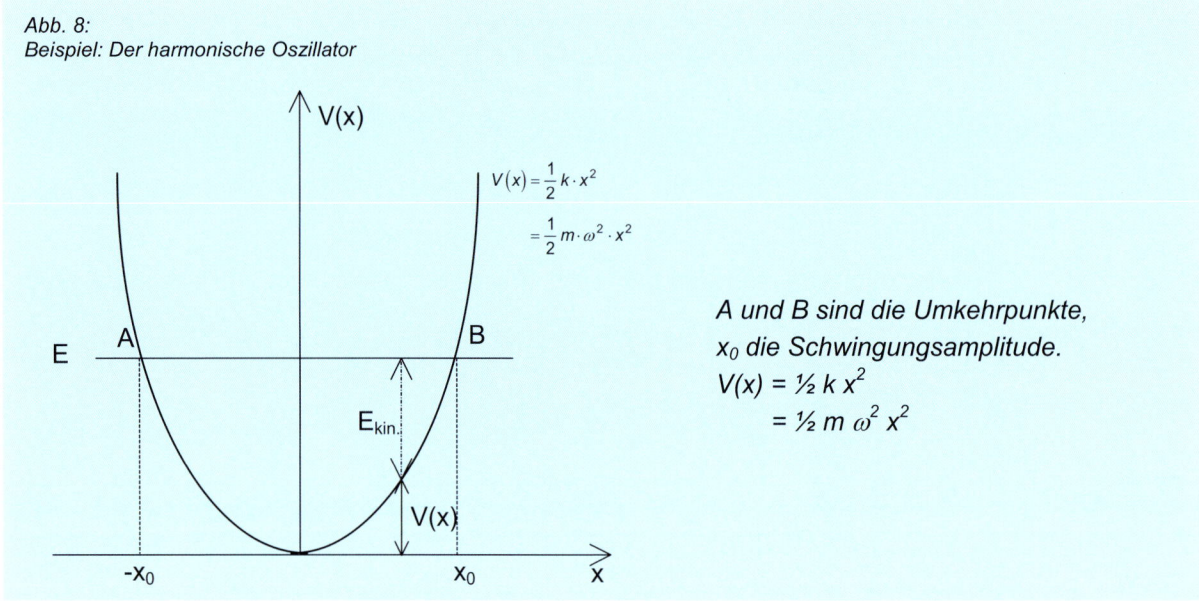

Abb. 8:
Beispiel: Der harmonische Oszillator

$V(x) = \frac{1}{2} k \cdot x^2$

$= \frac{1}{2} m \cdot \omega^2 \cdot x^2$

A und B sind die Umkehrpunkte,
x_0 die Schwingungsamplitude.
V(x) = ½ k x²
= ½ m ω² x²

Die Doppelnatur des Lichtes als Lichtwelle und Lichtquant überträgt sich auf alle Materie, neben ihre korpuskulare Natur stellt sich - theoretisch und experimentell gleichberechtigt - ihre Wellennatur. Dies nannte A. Sommerfeld: „Unter allen erstaunlichen Entdeckungen dieses Jahrhunderts die erstaunlichste".

Ebenso wie die Wellenoptik eine Verfeinerung der geometrischen Optik für Abmessungen in der Größenordnung der Wellenlänge darstellt, erwartete Erwin Schrödinger in der Wellengleichung der Materie eine Verfeinerung der Makromechanik zu einer für die Atomdimensionen gültigen Mikromechanik = Wellenmechanik.

Die zeitunabhängige optische Wellengleichung heißt: $\dfrac{d^2\phi}{dx^2} + \dfrac{4\pi^2}{\lambda^2}\phi = 0$.

Schrödinger nahm nun an, dass entsprechend der Wellenamplitude ϕ in der Optik es in der Atommechanik eine Größe ψ gibt, die eine Gleichung von **derselben Form** befriedigt, wobei $\lambda = \dfrac{h}{p} = \dfrac{h}{\sqrt{2\,m\,(E-V)}}$ ist. Schrödinger setzte dieses λ in die optische Wellengleichung ein und erhielt 1926 seine berühmte Gleichung:

$$\frac{d^2\psi}{dx^2} + \frac{8\,m\,\pi^2}{h^2}\left(E - V\right)\psi = 0$$

Wie wir noch sehen werden, liefert die Schrödinger-Gleichung mit den entsprechenden Randbedingungen die **diskreten Energiestufen** des gebundenen Elektrons als **Eigenwerte** der Differentialgleichung. Daher nannte Schrödinger seine Arbeit „Quantisierung als Eigenwertproblem".

Zusammenfassung

Wir wollen unsere Überlegungen noch einmal zusammenfassen:
Schrödinger hat seine Gleichung über eine mathematische Isomorphieüberlegung gefunden:

Abb. 9:
Der Weg zur Schrödinger-Gleichung

$$\frac{\text{geometrische Optik}}{\text{Wellenoptik}} \quad \sim \quad \frac{\text{klassische Mechanik}}{\text{Wellenmechanik}}$$

geometrische Optik
―――――――――
Wellenoptik

~

klassische Mechanik
―――――――――
Wellenmechanik

$$\frac{d^2\phi}{dx^2} + \frac{4\pi^2}{\lambda^2}\phi = 0$$

$$\lambda = \frac{h}{p} = \frac{h}{\sqrt{2\,m\,(E-V)}}$$

$$\frac{d^2\psi}{dx^2} + \frac{8\,m\,\pi^2}{h^2}(E-V)\,\psi = 0$$

= zeitunabhängige Wellengleichung
der Optik
$|\phi|^2$ = Maß für Energiedichte oder Intensität
  = Wahrscheinlichkeitsdichte für das
    Auftreten von Photonen

= zeitunabhängige Wellengleichung
der Mechanik
$|\psi|^2\,dx$ = Wahrscheinlichkeit, das Teilchen
in dx zu finden

1. Die richtige physikalische Interpretation der ψ-Funktion der Schrödinger-Gleichung hat Max Born gegeben:
   $|\psi|^2\,dx$ = Wahrscheinlichkeit, das Teilchen in dx zu finden.

2. Die Erfahrung und Anwendung der Schrödinger-Gleichung in der Atomphysik (Dimension 1 Å) hat diese glänzend in allen Details bestätigt. Sie erklärt vor allem die Energieniveaus eines Atoms und die Fakten der chemischen Bindung. Sie hat allerdings ihre Grenzen dort, wo Magnetismus und Relativität involviert sind.

3. Die Schrödinger-Gleichung ist eine Differentialgleichung 2. Ordnung. Sie beschreibt, da die Zeit *t* in ihr nicht enthalten ist, nicht atomare Vorgänge, sondern die Eigenschaften **atomarer Systeme in stationären Zuständen**.

Die Interpretation der ψ-Funktion

Die richtige physikalische Interpretation der ψ-Funktion hat viel Mühe bereitet. Zunächst hatte Schrödinger vorgeschlagen, die Teilchenvorstellung ganz aufzugeben und an Stelle von Elektronen als Teilchen von einer kontinuierlichen Dichteverteilung $|\psi|^2$ oder elektrischen Dichte $e \cdot |\psi|^2$ zu sprechen. Max Born (1882-1970, Nobelpreis für Physik 1954) hat dem energisch widersprochen, da eine solche Deutung mit den experimentellen Tatsachen unvereinbar schien. Denn immer, wenn im Experiment ein Elektron registriert wird, wird es als **ganzes Teilchen** registriert. Max Born schreibt: „Wieder war eine Idee von Einstein leitend. Er hatte die Dualität von Teilchen - den Lichtquanten oder Photonen - und von Wellen dadurch begreiflich zu machen gesucht, dass er das Quadrat der optischen Wellen-Amplitude $|\phi(x)|^2$ als **Wahrscheinlichkeitsdichte für das Auftreten von Photonen** auslegte. Diese Idee ließ sich ohne weiteres auf die ψ-Funktion übertragen: $|\psi|^2$ musste die Dichte der Wahrscheinlichkeit für Elektronen oder andere Teilchen bedeuten". Den Beweis für die Richtigkeit dieser Auffassung hat Born durch eine detaillierte Analyse der atomaren Streuprozesse geliefert.

Es bleibt festzuhalten:

$\psi(x)$: **nicht direkt physikalisch interpretierbar** (im Gegensatz zu $\phi(x)$ der Wellengleichung als jeweiliger reell messbarer Amplitudenwert).

$|\psi(x)|^2$: **Aufenthaltswahrscheinlichkeitsdichte**

$|\psi(x)|^2 dx$ oder $|\psi|^2 dV$: **Wahrscheinlichkeit, das Teilchen in dx oder dV zu finden.**

Im Allgemeinen ist $\psi(x)$ eine **komplexwertige** Größe, d.h. durch Multiplikation mit der konjugiert - komplexen Funktion ψ^* ergibt sich die Wahrscheinlichkeitsdichte $|\psi(x)|^2$. Erst das $\psi\psi^* = |\psi(x)|^2$ besitzt als reelle Funktion eine anschauliche Bedeutung als Wahrscheinlichkeitsdichte. Unsere Beispiele sind im folgenden so ausgesucht, dass wir mit reellem $\psi(x)$ auskommen.

Abb. 10a: Erwin Schrödinger (1887-1961)

Erwin Schrödinger stammte aus Wien und hatte dort Physik studiert. Einen wesentlichen Anteil an seiner geistigen Entwicklung hatte der große österreichische Theoretiker Ludwig Boltzmann, in dessen Nachfolge sich Schrödinger sah. Boltzmann lehrte um die Jahrhundertwende Physik in Wien, und Schrödinger hatte gehofft, bei Boltzmann Vorlesungen zu hören. Doch wurde dies dadurch unmöglich gemacht, dass Boltzmann 1906 seinem Leben ein Ende setzte, gerade in dem Jahr, in dem sich Schrödinger in Wien immatrikulierte.

Nach dem Ersten Weltkrieg hielt er sich für einige Jahre in Deutschland auf, bevor er Ende 1921 auf einen Lehrstuhl an die Universität Zürich berufen wurde. Während der folgenden sechs Schweizer Jahre entstanden seine berühmten Arbeiten zur sogenannten **Wellenmechanik**, die seinen Namen zu dem meistgenannten in der Atomphysik machten. Wie Max Born es einmal formuliert hat: „Wer von uns hat nicht die Worte Schrödinger-Gleichung oder Schrödinger-Funktion ungezählte Male hingeschrieben? Vermutlich werden die nächsten Generationen dasselbe tun und seinen Namen lebendig erhalten".

Schrödinger vermochte auch den wichtigen Beweis zu führen, dass die Matrizenmechanik von Heisenberg mathematisch und damit auch im physikalischen Inhalt **äquivalent** mit seiner Wellenmechanik ist.

1927 berief die Universität Berlin Schrödinger auf den Lehrstuhl von Max Planck, und 1929 wurde er Mitglied der Preußischen Akademie der Wissenschaften. Schrödinger lehnte das nationalsozialistische Regime ab und verzichtete 1933 auf seine Professur. Im November siedelte er nach Oxford über, wo er wenige Tage später erfuhr, dass ihm - zusammen mit Paul Dirac - der Nobelpreis für Physik verliehen worden war. 1936 kehrte Schrödinger in seine Heimat zurück und nahm eine Berufung nach Graz an. Als es aber 1938 zum Anschluss Österreichs kam, wurde Schrödinger entlassen.

Aus dieser schwierigen Situation rettete ihn die Einladung, nach Dublin zu kommen. Hier hatte der irische Ministerpräsident Eamon de Valera, der zuvor Professor für Mathematik gewesen war, ein

„Institute for Advanced Studies" gegründet. Schrödinger nahm das Angebot, an diesem Institut zu arbeiten, dankbar an und blieb die nächsten siebzehn Jahre in der irischen Hauptstadt.

Hier hatte Schrödinger Gelegenheit, ungestört seine Theorien zu entwickeln, und in diesen Jahren verfasste er mehrere philosophisch orientierte Aufsätze. Er analysierte die Entwicklung der modernen Wissenschaft aus der griechischen Philosophie („Die Natur und die Griechen"), und er untersuchte die Wandlungen des physikalischen Weltbildes. Vor allem aber versuchte er die Fragen nach dem „Was" zu beantworten: „Was ist ein Naturgesetz?", „Was ist Materie?" und vor allem „Was ist Leben?"

Durch das letztgenannte Buch „Was ist Leben?" wurde James Watson (gemeinsam mit Francis Crick) zur Entdeckung der DNS-Struktur im Jahre 1953 angeregt.

1955 ist Schrödinger nach Wien zurückgekehrt. 1961 ist er im Alter von 74 Jahren gestorben und wurde in Alpbach, einem kleinen stillen Dorf inmitten seiner geliebten Tiroler Berge, begraben.

*Abb. 10b: Verleihung des Nobelpreises an Erwin Schrödinger im Jahre 1933 durch König Gustav Adolf von Schweden in Stockholm. Während der vier Universitätsjahre in Wien von 1906 - 1910 hatte den stärksten Einfluss auf Schrödinger der Physiker Fritz Hasenöhrl, der damals Nachfolger von Ludwig Boltzmann war. Hasenöhrl fiel im Ersten Weltkrieg im Oktober 1915. Anlässlich der Entgegennahme des Nobelpreises sagte Schrödinger: „ ... wäre Hasenöhrl nicht gefallen, so stünde er wohl jetzt an meiner Stelle." **Bescheidenheit und eine feine geisteswissenschaftliche Bildung** zeichneten Erwin Schrödinger aus.*

TEIL 2

BEISPIELE

» *Teil 2 behandelt einige Beispiele, die quantenmechanisch mit den mathematischen Hilfsmitteln der Schule **exakt** lösbar sind. Es sind dies der **unendlich hohe Potentialtopf**, der **harmonische Oszillator im Grundzustand** und das **Wasserstoffatom im Grundzustand**. Des Weiteren werden der **quantenmechanische Tunneleffekt** und die **Heisenbergschen Unbestimmtheitsrelationen** diskutiert. Kap. XII zeigt, wie die Quantenmechanik in das gesamte Theoriengebäude der Physik einzuordnen ist. Der Stoff wird auf das Wesentliche beschränkt und alles hier Aufgeführte sauber und **nachvollziehbar** begründet.*

Quantenmechanik ist die Beschreibung des Verhaltens von Materie und Licht in allen Einzelheiten, insbesondere der Vorgänge in **atomaren Dimensionen**. In sehr kleinen Dimensionen verhalten sich die Dinge ganz anders als wir es in der klassischen Physik gewohnt sind. Atomare Teilchen verhalten sich **nicht** wie Wellen, **nicht** wie Teilchen, **nicht** wie Wolken oder Billardkugeln. Ein Elektron verhält sich weder wie ein Teilchen, noch wie eine Welle. „**Es ist wie keins von beiden**" (Feynman).

Wir wollen jetzt einen allereinfachsten Fall nach **Schrödinger** behandeln: Ein Teilchen befinde sich in einem Potentialtopf mit unendlich hohen Wänden (Potentialtöpfe mit endlich hohen Wänden kommen in der Festkörperphysik und Kernphysik vor). Das Teilchen sei also auf den Bereich $0 \leq x \leq L$ beschränkt, in dem das Potential $V = 0$ ist. Um die Begrenzung des Bereiches durchzuführen, denke man sich an den Rändern $x = 0$ und $x = L$ „unendlich hohe Potentialwände" errichtet, d. h. außerhalb des erlaubten Bereiches ist $V = \infty$ (Abb. 11).

Um das **Neuartige der quantenmechanischen Beschreibung** klar herauszuarbeiten, wollen wir die Bewegung des Teilchens in diesem Potentialtopf

- nach der klassischen Mechanik
- nach der alten Bohr'schen Theorie (1913)
- nach der Quantenmechanik (1926) behandeln.

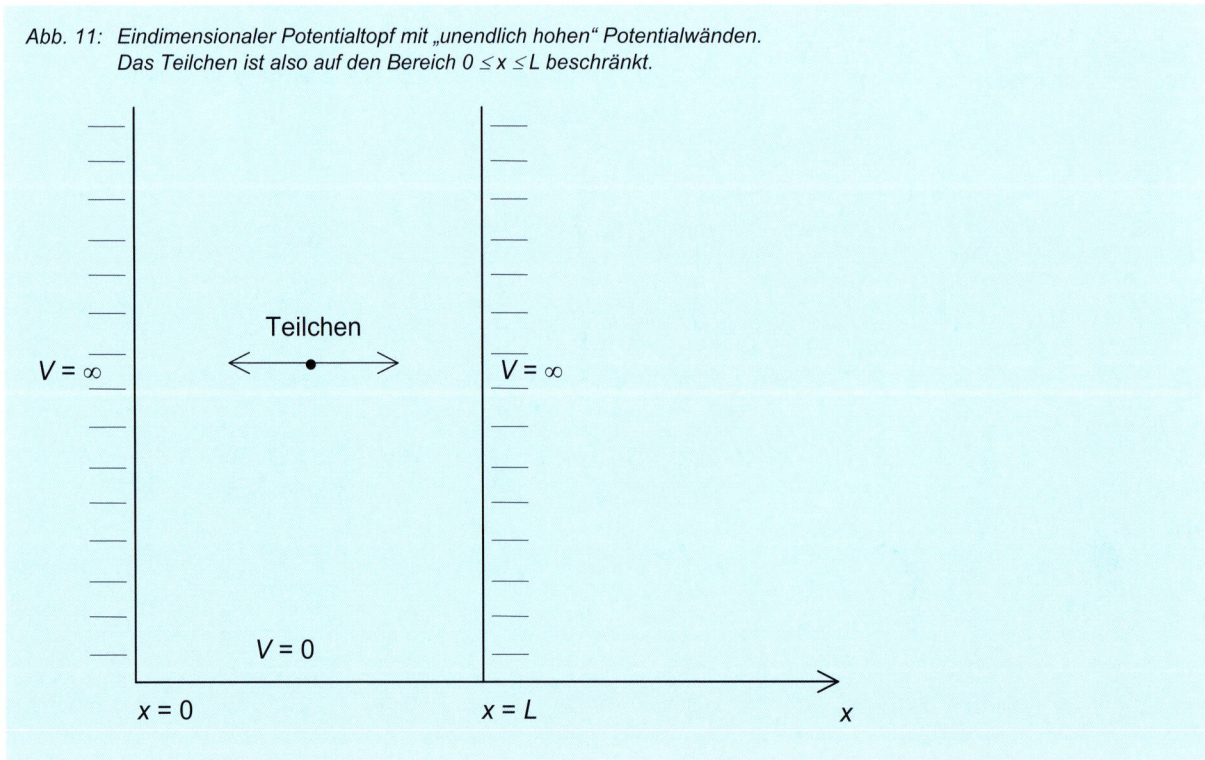

Abb. 11: *Eindimensionaler Potentialtopf mit „unendlich hohen" Potentialwänden.*
Das Teilchen ist also auf den Bereich $0 \leq x \leq L$ beschränkt.

Energiewerte und Aufenthaltswahrscheinlichkeit nach der klassischen Mechanik

Das Teilchen bewegt sich mit beliebiger konstanter Geschwindigkeit in dem Potentialtopf hin und her. An den Wänden des Potentialtopfes wird es elastisch reflektiert. Es sind alle Energiewerte möglich: die Energiewerte bilden ein **Kontinuum** (Abb. 12).

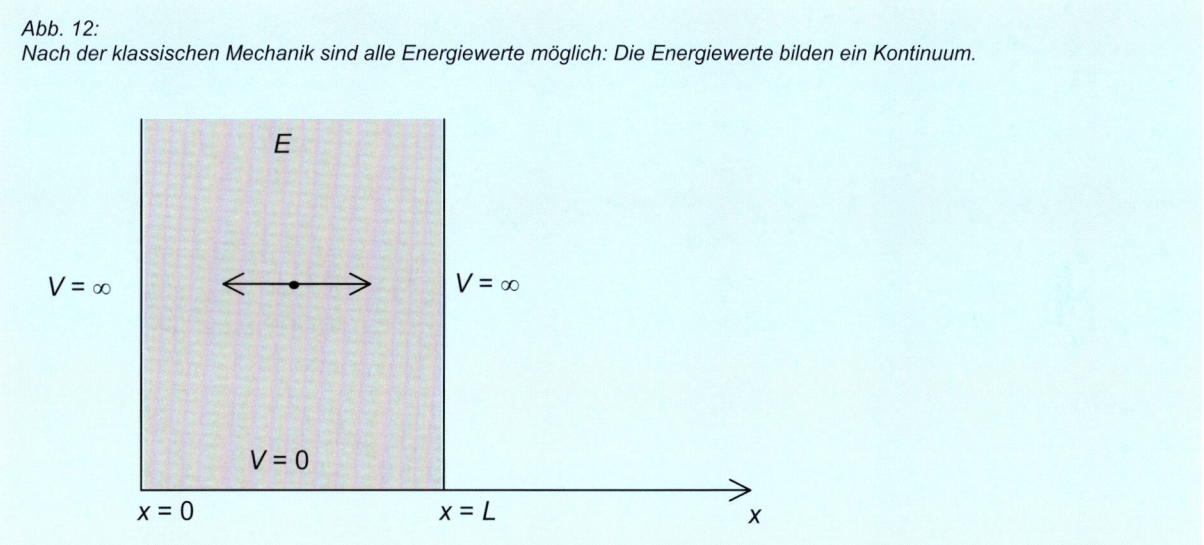

Abb. 12:
Nach der klassischen Mechanik sind alle Energiewerte möglich: Die Energiewerte bilden ein Kontinuum.

Ort und Geschwindigkeit (bzw. der Impuls) des Teilchens sind **gleichzeitig scharf** messbar. Die Wahrscheinlichkeit $w_{klass.}$ (x) dx dafür, das Teilchen im Bereich x, x + dx zu finden ist

$$w_{klassisch}(x)\, dx = \frac{dx}{L}$$

d. h. die Aufenthaltswahrscheinlichkeit des Teilchens ist bei gleichem dx konstant in dem Bereich x = 0, x = L (Abb. 13).

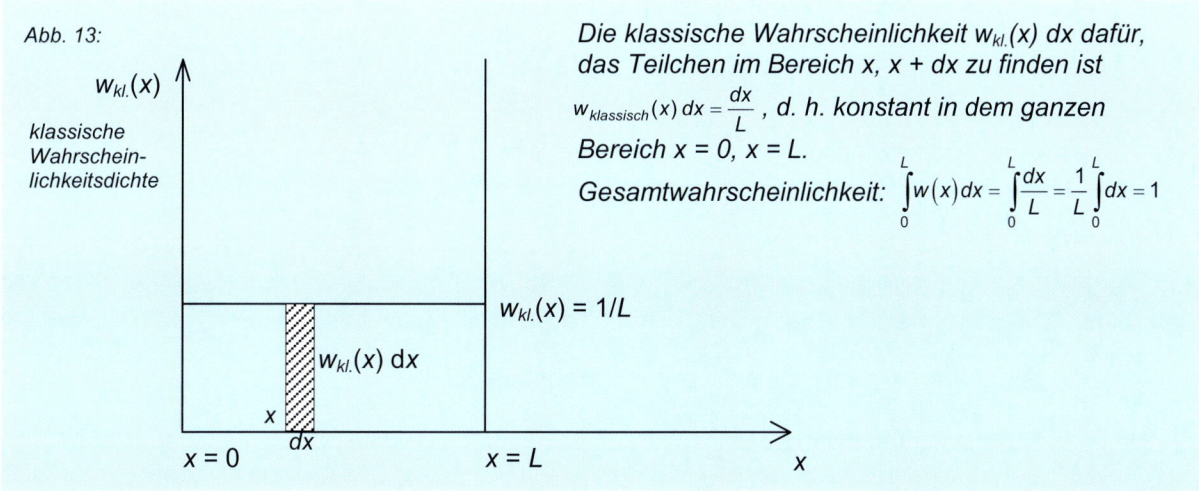

Abb. 13:

$w_{kl.}(x)$

klassische Wahrscheinlichkeitsdichte

Die klassische Wahrscheinlichkeit $w_{kl.}(x)$ dx dafür, das Teilchen im Bereich x, x + dx zu finden ist

$w_{klassisch}(x)\, dx = \frac{dx}{L}$ *, d. h. konstant in dem ganzen Bereich x = 0, x = L.*

Gesamtwahrscheinlichkeit: $\int_0^L w(x)\, dx = \int_0^L \frac{dx}{L} = \frac{1}{L}\int_0^L dx = 1$

Energiewerte und Aufenthaltswahrscheinlichkeit nach der alten Bohr'schen Theorie

Die Bohr'sche Quanten-Bedingung lautet:

Impuls x geschlossener Weg = Dimension einer **Wirkung** (Energie x Zeit) $= \oint p\,dx = n \cdot h$

dies heißt: $\int_0^L p\,dx + \int_L^0 (-p)\,dx = p \int_0^L dx - p \int_L^0 dx = 2\,p\,L = n \cdot h$

$\rightarrow \quad p = \dfrac{n \cdot h}{2L}$

Nun ist: $\quad E_n = \dfrac{p^2}{2m} = \dfrac{n^2 \cdot h^2}{4L^2 \cdot 2m} = \dfrac{n^2 \cdot h^2}{8mL^2}$

mit $\quad \hbar = \dfrac{h}{2\pi} \quad \rightarrow \quad \mathbf{E_n = \dfrac{n^2 \pi^2 \hbar^2}{2\,m\,L^2}}$

Die Bohr'sche Quantenbedingung führt also zu ganz **diskreten** Energiewerten E_1, E_2, ... E_n (Abb. 14).

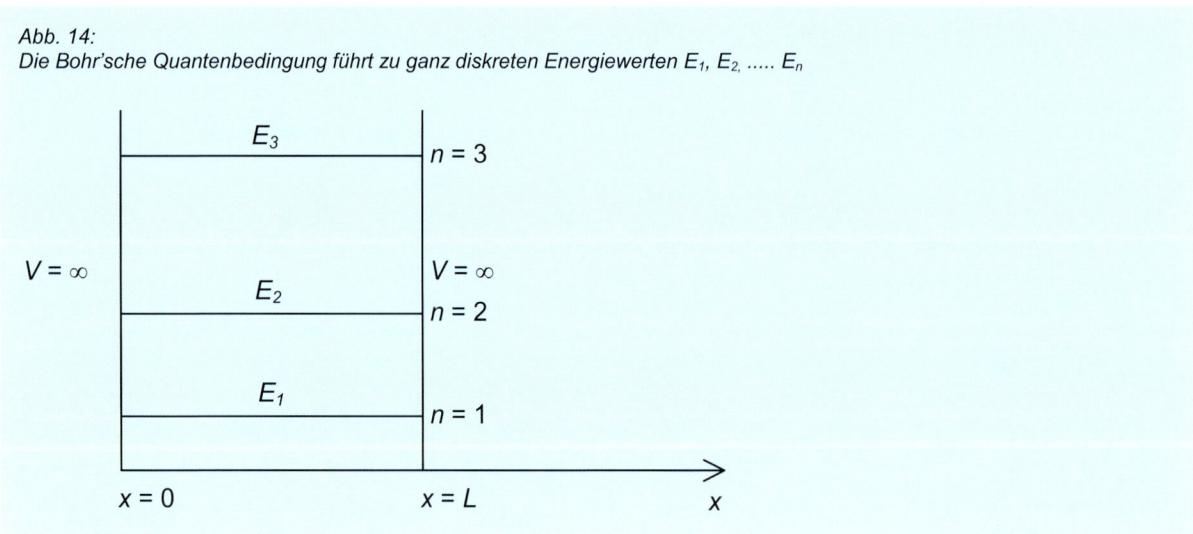

Abb. 14:
Die Bohr'sche Quantenbedingung führt zu ganz diskreten Energiewerten E_1, E_2, ... E_n

Ergebnis: Es sind nur ganz bestimmte Energiewerte möglich, d. h. die Energiewerte bilden ein **diskretes Spektrum**: das Teilchen kann sich daher nur mit ganz bestimmten Geschwindigkeiten $v_n = \sqrt{\dfrac{2E_n}{m}}$ gleichförmig in dem Potentialtopf hin und her bewegen.

Ort und Impuls sind **gleichzeitig** bestimmbar: Es hat einen Sinn von einer „Bahn" zu sprechen.

Die Wahrscheinlichkeit $w(x)\,dx$, das Teilchen im Bereich x, $x + dx$ zu finden, ist wie in der klassischen Mechanik $w(x)\,dx = \dfrac{dx}{L}$.

Energiewerte und Aufenthaltswahrscheinlichkeit nach der Quantenmechanik (1926)

Die (nichtrelativistische und spinlose) Physik im atomaren Bereich, d. h. in dem Bereich der Größenordnung 10^{-10} m, wird durch eine fundamentale Gleichung beschrieben, der berühmten Schrödinger-Gleichung:

Es gibt ein $\psi(x)$, so daß $|\psi(x)|^2\,dx$ die Wahrscheinlichkeit ist, ein Teilchen in dx anzutreffen (Born'sche Interpretation).

Es gibt stationäre (zeitunabhängige) Zustände ψ_E, bei denen die Messung der Energie immer denselben Wert ergibt.

$$\frac{d^2\psi(x)}{dx^2} + \frac{2m}{\hbar^2}\big(E - V(x)\big)\,\psi(x) = 0 \qquad \text{wobei} \quad \hbar = \frac{h}{2\pi} \quad \text{ist}$$

(eindimensionale, zeitunabhängige Schrödinger-Gleichung).

Die zu lösende eindimensionale Schrödinger-Gleichung für $V = 0$ lautet:

$$\frac{d^2\psi(x)}{dx^2} + \frac{2m}{\hbar^2}E \cdot \psi(x) = 0$$

Randbedingungen: $\psi = 0$ für $x = 0$ }   d. h. das Teilchen kann in den
                     $\psi = 0$ für $x = L$ }   Bereich $V = \infty$ nicht eindringen

$$\psi'' = -\frac{2mE}{\hbar^2} \cdot \psi$$

Zur Abkürzung sei: $\dfrac{2mE}{\hbar^2} = k^2$

also $\psi'' = -k^2\psi$

Lösung: $\psi = C \cdot \begin{cases} \sin kx \\ \cos kx \end{cases}$

Die Lösung $\psi = C \cos kx$ fällt wegen der Randbedingung $\psi(0) = 0$ weg.
Also $\psi = C \sin kx$

Die Eigenwerte E$_n$ folgen aus der Randbedingung $\psi(L) = 0$

Randbedingung: $0 = C \cdot \sin k \cdot L$

$\rightarrow \quad k \cdot L = n \pi \quad$ n = ganzzahlig

$k^2 L^2 = n^2 \pi^2$

$\dfrac{2 m E}{\hbar^2} \cdot L^2 = n^2 \pi^2$

$\rightarrow \quad \mathbf{E_n = \dfrac{n^2 \pi^2 \hbar^2}{2 m L^2}}$

Also genau dasselbe Ergebnis wie es die alte Bohrsche Theorie liefert!

Die E$_n$ bezeichnet man als Eigenwerte.

Hervorzuheben ist, dass die „Quantelung der Energie" bei der alten Bohr'schen Theorie durch die etwas künstlich anmutende Quantenbedingung $\text{Impuls} \times \text{Weg} = \oint p\, dx = n \cdot h$ erzwungen wurde, während sie bei der Schrödinger-Gleichung sich ganz **selbstverständlich auf Grund der Randbedingungen** ergibt (im vorliegenden Fall: $\psi(L) = 0$)!

Eigenfunktionen:

$$\psi_n = C \cdot \sin \frac{n \pi}{L} x$$

Die gesamte Wahrscheinlichkeit, das Teilchen zwischen 0 und L anzutreffen, muss gleich 1 sein:

$\rightarrow \quad \displaystyle\int_0^L \psi_n^2\, dx = 1 \quad$ (Normierung der Eigenfunktionen)

$$= C^2 \int_0^L \sin^2 \frac{n \pi}{L} x\, dx = C^2 \frac{L}{2} = 1$$

$$\rightarrow \quad C = \sqrt{\frac{2}{L}}$$

Beweis: $\displaystyle\int_0^L \sin^2 \frac{n \pi}{L} x\, dx = \frac{1}{2} \cdot \left[\int_0^L \sin^2 \frac{n \pi}{L} x\, dx + \int_0^L \cos^2 \frac{n \pi}{L} x\, dx \right]$

$$= \frac{1}{2} \cdot \int_0^L \left(\sin^2 \frac{n \pi}{L} x + \cos^2 \frac{n \pi}{L} x \right) dx = \frac{1}{2} \int_0^L dx = \frac{L}{2}$$

Die normierten Eigenfunktionen lauten: $\psi_n = \sqrt{\dfrac{2}{L}} \sin \dfrac{n \pi}{L} x$ (siehe Abb. 15).

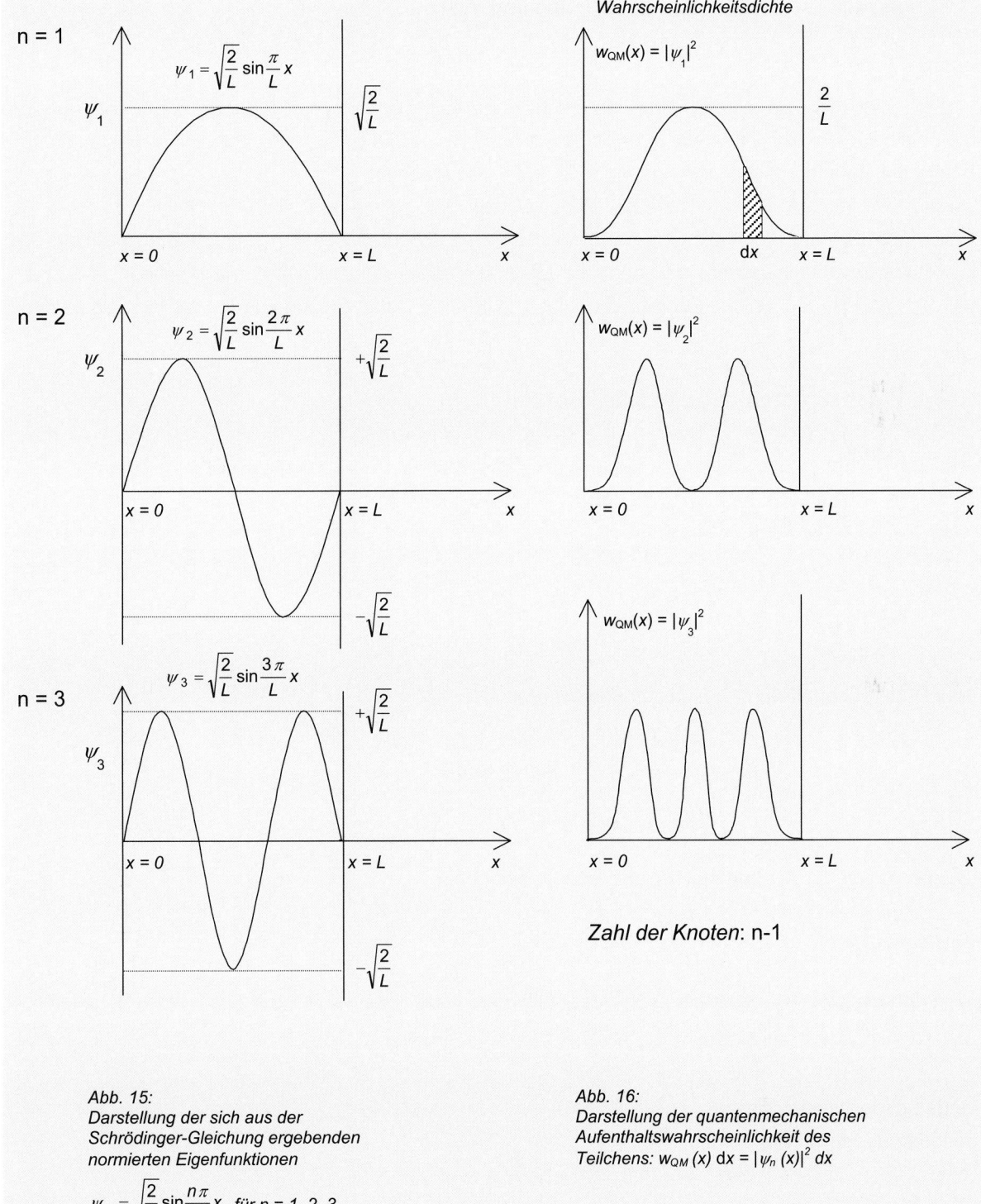

Abb. 15:
Darstellung der sich aus der
Schrödinger-Gleichung ergebenden
normierten Eigenfunktionen

$$\psi_n = \sqrt{\frac{2}{L}} \sin \frac{n\pi}{L} x \quad \text{für } n = 1, 2, 3.$$

Abb. 16:
Darstellung der quantenmechanischen
Aufenthaltswahrscheinlichkeit des
Teilchens: $w_{QM}(x)\, dx = |\psi_n(x)|^2\, dx$

Während die ψ-Funktion **nicht** direkt physikalisch interpretierbar ist, stellt $|\psi|^2\,dx$ anschaulich die quantenmechanische Aufenthaltswahrscheinlichkeit dar, d. h. die Wahrscheinlichkeit das Teilchen in dx zu finden.

Hier zeigt sich ein **prinzipieller** Unterschied zur alten Bohr'schen Theorie. Während dort die Aufenthaltswahrscheinlichkeit wie in der klass. Mechanik in dem ganzen Bereich $x = 0$, $x = L$ konstant ist, führt die Quantenmechanik zu einem ganz anderen Ergebnis:

Für $n = 1, 2, 3$ ist $w(x) = |\psi|^2$ in Abb. 16 dargestellt:

Je nach Energie des Teilchens ergibt sich eine verschiedene Wahrscheinlichkeitsverteilung. Die Aufenthaltswahrscheinlichkeit wird sogar an bestimmten Stellen innerhalb des Bereiches $x = 0$, $x = L$ Null, d. h. dort ist das Teilchen überhaupt nicht anzutreffen. Diese Stellen werden als **Knoten** bezeichnet.

Einige Eigenschaften der Eigenfunktionen:

Orthogonalität:

Es sei $\quad \psi_n = \sqrt{\dfrac{2}{L}}\,\sin\dfrac{n\pi}{L}x$

$\qquad\qquad \psi_m = \sqrt{\dfrac{2}{L}}\,\sin\dfrac{m\pi}{L}x$

Für die beiden normierten Eigenfunktionen gilt dann

$$\int_0^L \psi_n \cdot \psi_m\,dx = \begin{cases} 1 & \text{für } n = m \text{ (Aufgrund der Normierung)} \\ 0 & \text{für } n \neq m \end{cases}$$

Man spricht von der „Orthogonalität" der Eigenfunktionen.

Begriff der Parität:

$|\psi(-x)|^2 = |\psi(x)|^2$

$\rightarrow \quad \psi(-x) = \pm\,\psi(x)$

+ bedeutet positive Parität

- bedeutet negative Parität

Die Eigenfunktionen haben eine im Zusammenhang mit Invarianzüberlegungen wichtige Eigenschaft: Ihre Parität.

Man bezeichnet eine Eigenfunktion als gerade bzw. ihre Parität als positiv, wenn bei Umkehr der Vorzeichen aller ihrer Koordinaten die Eigenfunktion ihr Vorzeichen beibehält und die Eigenfunktion als ungerade bzw. ihre Parität als negativ, wenn die Eigenfunktion bei der Operation der „Spiegelung am Koordinatenursprung" ihr Vorzeichen wechselt.

Die Eigenfunktionen $\psi_n = \sqrt{\dfrac{2}{L}} \sin \dfrac{n\pi}{L} x$ haben negative Parität.

Heisenberg'sche Unschärfebeziehung

Ein ganz prinzipieller Unterschied zur Bohr'schen Theorie ist, dass in der Quantenmechanik die Ortskoordinaten und der Impuls eines Teilchens **nicht** gleichzeitig scharf messbar sind. Deshalb hat es in der Quantenmechanik auch **keinen** Sinn von der „Bahn" eines Teilchens zu sprechen.

Impuls und Ort sind - wie in Kapitel VIII näher ausgeführt - nur innerhalb einer bestimmten Unschärfe festlegbar:

Es gilt $\qquad \Delta x \cdot \Delta p \cong h$

Im obigen Beispiel: $\Delta x \cong L$

$$\Delta p \cong \frac{h}{L}$$

Im Grenzfall großer Quantenzahlen *n* geht die quantenmechanische Beschreibung in die klassische über

Grenzübergang: Quantenmechanik $\rightarrow$ klassische Mechanik

Im Grenzfall großer Quantenzahlen stimmt die quantenmechanische und klassische Beschreibung überein. (Abb. 17): Ein physikalischer Detektor kann die feine Struktur w_{QM} nicht mehr auflösen, er **glättet** diese und man erhält genau das Bild für $w_{kl.}$. Für $n = 1$ ist die Aufenthaltswahrscheinlichkeitsdichte w_{QM} zur Mitte des Bereiches $x = 0$, $x = L$ konzentriert, für $n \gg 1$ sind die Maxima und Minima der Aufenthaltswahrscheinlichkeitsdichte gleichmäßig über den Bereich verteilt und ein physikalischer Detektor ergibt $w_{kl.}$.

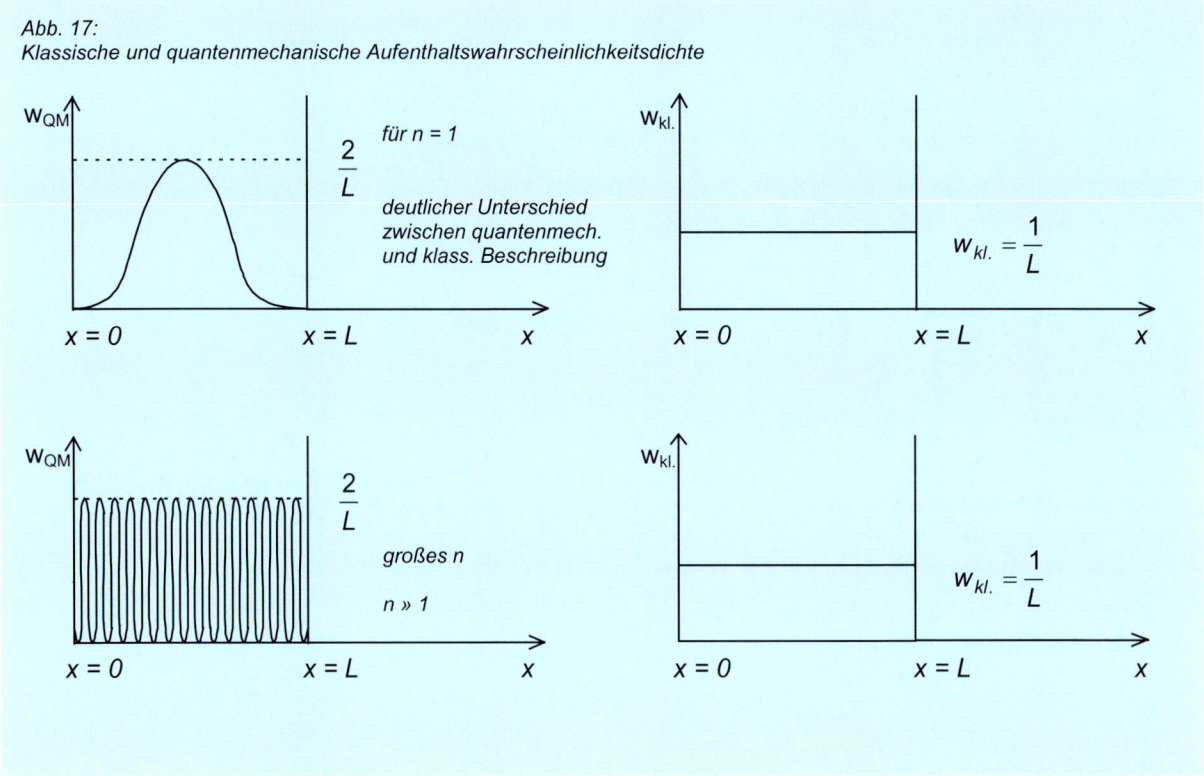

Abb. 17:
Klassische und quantenmechanische Aufenthaltswahrscheinlichkeitsdichte

Beispiel: Ein Teilchen befinde sich im Grundzustand (n = 1) unseres Kastenpotentials. Berechne die quantenmechanische und klassische Wahrscheinlichkeit, das Teilchen in einem Bereich $\Delta x = 0{,}01\,L$ um den Punkt $x = L/2$ anzutreffen.

Da der Bereich $\Delta x = 0{,}01\,L$ sehr klein im Vergleich zu L ist, kann man auf eine Integration verzichten. Näherungsweise beträgt die gesuchte **quantenmechanische** Wahrscheinlichkeit

$$w_{QM}(x)\,dx = \left|\psi_1\left(\frac{L}{2}\right)\right|^2 \Delta x = \frac{2}{L}\sin^2\left(\frac{\pi}{L}\cdot\frac{L}{2}\right)\cdot 0{,}01L = \frac{2}{L}\cdot 0{,}01L = \mathbf{0{,}02}\ \text{also 2\%.}$$

Die **klassische** Wahrscheinlichkeit ist $w_{kl}(x)\,dx = \dfrac{\Delta x}{L} = \dfrac{0{,}01L}{L} = \mathbf{0{,}01}$ also 1%.

Ist der betrachtete Bereich Δx gegenüber L nicht zu vernachlässigen, so muss integriert werden. Z. B. ist die quantenmechanische Wahrscheinlichkeit, das Teilchen für n = 1 im Bereich $0 \leq x \leq L/4$ zu finden:

$$\int_0^{L/4} w_{QM}(x)\,dx = \frac{2}{L}\int_0^{L/4}\sin^2\frac{\pi}{L}x\,dx.$$ Wir setzen $\dfrac{\pi}{L}\cdot x = \Theta \rightarrow dx = \dfrac{L}{\pi}d\Theta$. Die Integrationsgrenze $\dfrac{L}{4}$ wird zu

$\dfrac{\pi}{L}\cdot\dfrac{L}{4} = \Theta = \dfrac{\pi}{4}$ und wir erhalten $\dfrac{2}{L}\cdot\dfrac{L}{\pi}\displaystyle\int_0^{\pi/4}\sin^2\Theta\,d\Theta$. Produktintegration und Beachtung der Relation

$\cos^2\Theta = 1 - \sin^2\Theta$ ergibt $\dfrac{2}{\pi}\left[\dfrac{\Theta}{2} - \dfrac{\sin\Theta\cdot\cos\Theta}{2}\right]_0^{\pi/4} = \dfrac{2}{\pi}\left[\dfrac{\pi}{8} - \dfrac{1}{4}\right] = 0{,}091 = \mathbf{9{,}1\%}$

Die klassische Wahrscheinlichkeit ist $\displaystyle\int_0^{L/4} w_{kl}(x)\,dx = \dfrac{L/4}{L} = \mathbf{25\%}$

Jetzt besprechen wir einen wichtigen quantenmechanischen Effekt, der vor allem in der Kernphysik bei der Deutung des radioaktiven α-Zerfalles eine zentrale Rolle spielt: Den **Tunneleffekt**. Dazu betrachten wir einen eindimensionalen Potentialtopf mit „endlich hohen" Potentialwänden (Abb. 18).

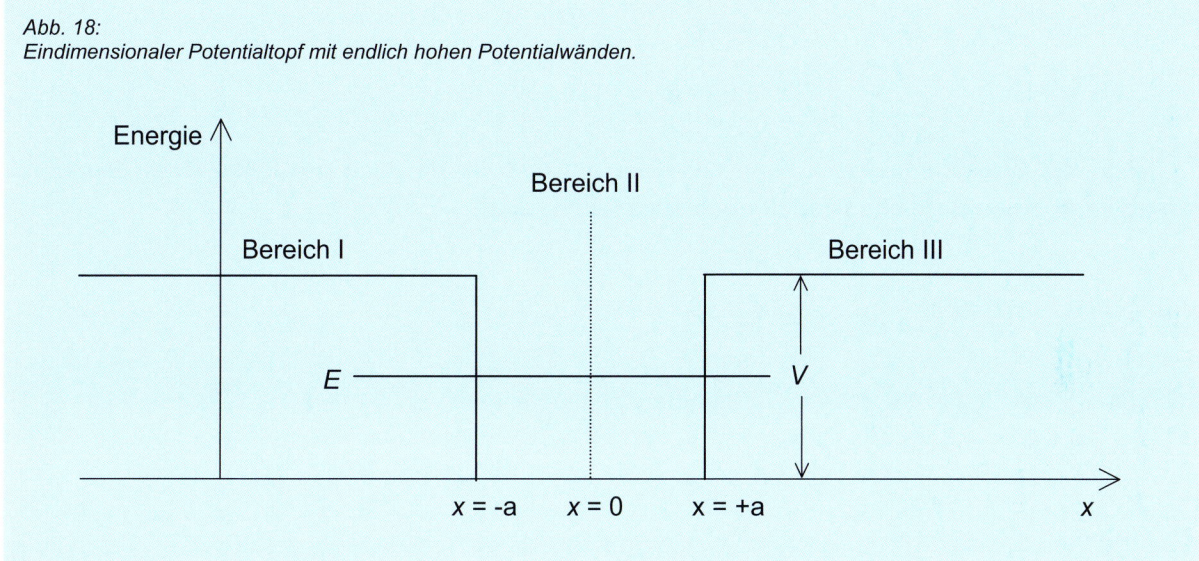

Abb. 18:
Eindimensionaler Potentialtopf mit endlich hohen Potentialwänden.

Klassisch

Das Teilchen bewegt sich zwischen $-a \leq x \leq +a$ hin und her und wird bei $x = -a$ und $x = +a$ elastisch reflektiert. Es kann in den Bereich I und III **nicht** eindringen, da in diesen Bereichen die kinetische Energie sonst negativ würde, denn $E_{kin.} = E - V$.

Quantenmechanisch

Für die Bereiche I und III gilt:

$$\frac{d^2\psi}{dx^2} + \frac{2m}{\hbar^2}(E - V)\,\psi = 0$$

Lösung: $\psi_I = A_1 e^{\kappa x} + B_1 e^{-\kappa x}$ (für $-\infty < x \leq -a$)

$\psi_{III} = A_3 e^{\kappa x} + B_3 e^{-\kappa x}$ (für $+a \leq x < +\infty$)

Einsetzen in die Schrödinger Gleichung ergibt:

$$\kappa^2 = \frac{2m}{\hbar^2}(V - E)$$

Wegen der Forderung der Normierbarkeit der Eigenfunktionen folgt:

$$\psi_I = A_1 \, e^{\sqrt{\frac{2m}{\hbar^2}(V-E)} \, x} \qquad \text{für den Bereich } -\infty < x \le -a$$

und $\quad \psi_{III} = B_3 \, e^{-\sqrt{\frac{2m}{\hbar^2}(V-E)} \, x} \qquad$ für den Bereich $+a \le x < +\infty$

Nach der Quantenmechanik kann das Teilchen also in die nach der klassischen Mechanik streng verbotenen Bereiche I und III noch etwas eindringen.

Für den Bereich II gilt: $\dfrac{d^2\psi}{dx^2} + \dfrac{2m}{\hbar^2} E \, \psi = 0$

Lösung: $\psi_{II} = A_2 \sin k\,x + B_2 \cos k\,x \quad$ für den Bereich $-a \le x \le +a$

In die Schrödinger-Gleichung eingesetzt:

$$k^2 = \frac{2m}{\hbar^2} E$$

also: $\quad \psi_{II} = A_2 \sin \sqrt{\frac{2m}{\hbar^2} E} \; x + B_2 \cos \sqrt{\frac{2m}{\hbar^2} E} \; x$

Damit sind alle ψ_I, ψ_{II}, ψ_{III} bestimmt, bis auf die Festlegung der Größen A_1, A_2, B_2, B_3. Die Festlegung dieser vier Konstanten erreicht man aus der Forderung, dass sowohl ψ als auch $\dfrac{d\psi}{dx}$ an den Anschlussstellen $x = -a$ und $x = +a$ **stetig** sind. Wären sie dies nicht, so würde an den beiden Stellen die zweite Ableitung $\dfrac{d^2\psi}{dx^2}$ unendlich groß werden; dass sie das nicht tut, folgt aus der Schrödinger-Gleichung.

Im einzelnen: $\quad \psi_I(-a) = \psi_{II}(-a) \quad$ und $\quad \psi_{II}(+a) = \psi_{III}(+a)$

$$\left(\frac{d\psi_I}{dx}\right)_{x=-a} = \left(\frac{d\psi_{II}}{dx}\right)_{x=-a} \quad und \quad \left(\frac{d\psi_{II}}{dx}\right)_{x=+a} = \left(\frac{d\psi_{III}}{dx}\right)_{x=+a}$$

Die Normierungsbedingung lautet:

$$\int_{-\infty}^{+\infty} \psi^2 \, dx = \int_{-\infty}^{-a} \psi_I^2 \, dx + \int_{-a}^{+a} \psi_{II}^2 \, dx + \int_{+a}^{+\infty} \psi_{III}^2 \, dx = 1.$$

Damit ist alles festgelegt, das Übrige ist Rechenarbeit mit trigonometrischen Funktionen. Wir wollen das hier nicht im einzelnen ausführen und nur anmerken, dass im Potentialtopf zwei Systeme von Eigenfunktionen existieren und zwar ist die eine Art **symmetrisch** (cosinusartig), die andere **antimetrisch** (sinusartig) gegenüber einer Vertauschung von x mit $-x$. Das Ergebnis für die Wahrscheinlichkeitsdichte ψ^2 zeigt anschaulich Abb. 19.

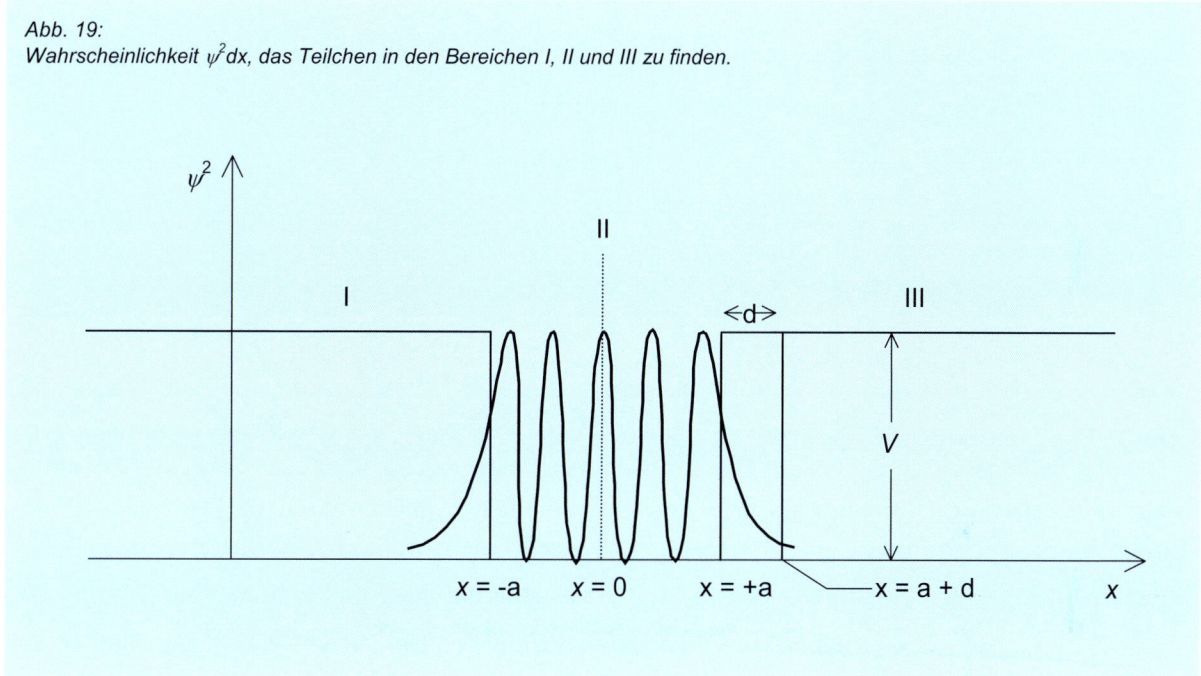

Abb. 19:
Wahrscheinlichkeit $\psi^2 dx$, das Teilchen in den Bereichen I, II und III zu finden.

Das Teilchen kann quantenmechanisch in die Bereiche I und III eindringen. Die Wahrscheinlichkeit klingt für dieses Eindringen nach einer Exponentialfunktion ab!

Der Tunneleffekt

Wäre z. B. im Bereich III das Potential bei $x = a + d$ wieder gleich Null, wobei d so gewählt ist, dass die Exponentialfunktion noch nicht „ausgestorben" ist, so würde das Teilchen in den Bereich $x \geq a + d$ gelangen können: Es hätte also die Potentialbarriere der Breite d „**durchtunnelt**" (Abb. 20).

Während für $E_{kin.} < V$ klassisch das Teilchen nur zwischen $-a \leq x \leq +a$ hin und herlaufen kann, kann es quantenmechanisch mit einer gewissen Wahrscheinlichkeit die Potentialbarriere der Breite d durchtunneln und nach rechts in dem Gebiet $V = 0$ weiterlaufen.

Teilchen, die also nach der klassischen Physik eine Potentialbarriere bestimmter Höhe nicht überwinden können, können dies nach den Gesetzen der Quantenmechanik sehr wohl tun, indem sie die Potentialbarriere der Breite d auf einem **niedrigeren Energieniveau** „durchtunneln".

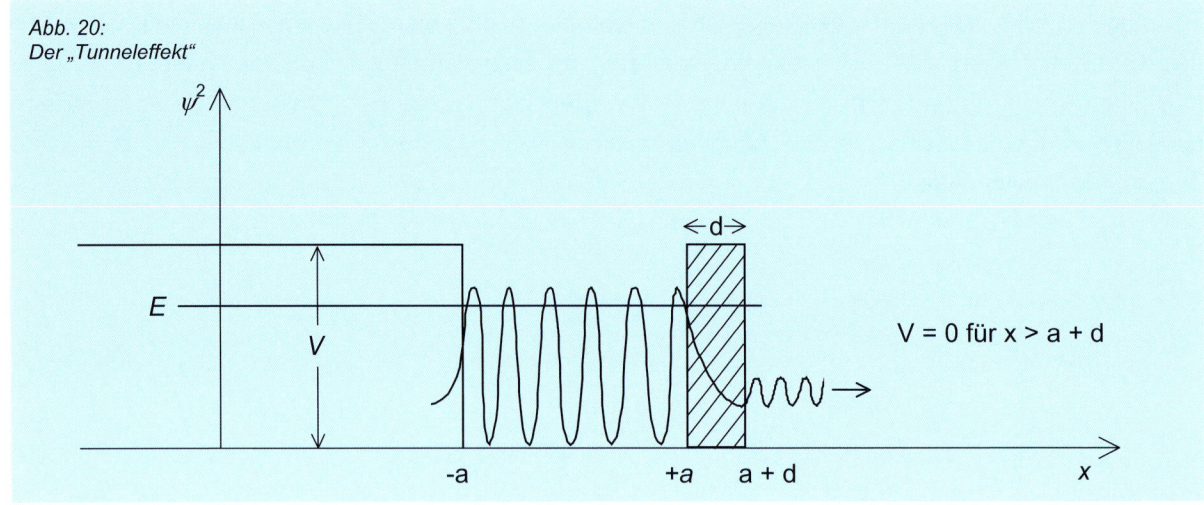

Abb. 20:
Der „Tunneleffekt"

Dieser Tunneleffekt ist fundamental für mannigfache chemische Reaktionen, die im klassischen Sinne durch ein Sperr-Potential abgeriegelt wären, aber wellenmechanisch durch den Tunneleffekt ermöglicht werden; er ist auch wichtig für die sogenannte „kalte" Elektronenemission der Metalle. Vor allem aber hat das große Problem des radioaktiven α-Zerfalles auf diesem Wege seine erstmalige Aufklärung gefunden (Gamow, 1928). Das Problem stellte sich damals wie folgt: Aufgrund der Rutherfordschen Streuversuche wusste man, dass ein Atomkern mit der Nukleonenzahl M (= Anzahl der Protonen + Neutronen) den Radius $R \approx 1{,}4 \cdot \sqrt[3]{M}$ fermi (1 fermi = 10^{-15} m) besitzt. Beschießt man z. B. den $^{238}_{92}$U-Kern (Z_1 = 92) mit α-Teilchen (Z_2 = 2), so müssten diese mindestens eine Energie von $V_{max} = Z_1 \cdot Z_2 \cdot e^2 / 4\,\pi\,\varepsilon_0\,R$ haben, um die maximale Coulomb-Barriere zu überwinden und in den Urankern einzudringen. In Zahlen:

$$V_{max} = \frac{92 \cdot 2 \cdot \left(1{,}6 \cdot 10^{-19}\right)^2 \, Cb^2}{4\,\pi \cdot 8{,}854 \cdot 10^{-12}\,\dfrac{Cb^2}{m^2 \cdot N} \cdot 1{,}4 \cdot \sqrt[3]{238} \cdot 10^{-15}\,m} \approx \mathbf{30\,MeV}$$

(1 MeV = 1,6 · 10^{-13} Nm)

Nimmt man nun andererseits an, dass bei dem α-Strahler $^{238}_{92}$U die α-Teilchen bereits im Kerninnern präformiert und auf diskrete Energieniveaus verteilt sind, so sollte nach der **klassischen Physik** das α-Teilchen nur aus dem Potentialtopf des Urankerns herauskommen, indem es den Topfrand V_{max} = 30 MeV überwindet und dann den Coulomb-Berg herunterrollt. Dabei sollte es eine Energie von mindestens 30 MeV erhalten. Tatsächlich aber haben die α-Teilchen, die von $^{238}_{92}$U ausgesandt werden, nur eine Energie von etwa 4 MeV, was **klassisch völlig unverständlich** ist. Die Erklärung gibt der Tunneleffekt: Das α-Teilchen kann mit einer gewissen Wahrscheinlichkeit auf **niedrigerem Energieniveau** die Coulomb-Barriere des Urankerns durchtunneln und somit ins Freie gelangen. Die quantenmechanische Erklärung des α-Zerfalles durch Gamow (1904-1968) war die erste erfolgreiche Anwendung der Wellenmechanik auf ein Problem der **Kernphysik**.

Begriffe wie Ort und Geschwindigkeit sind zunächst aus einfachen Experimenten der täglichen Erfahrung gewonnen, in denen das mechanische Verhalten klassischer Gebilde durch diese Wörter beschrieben wird. Überträgt man diese Begriffe in die Welt der Atome, so treten grundsätzliche Schwierigkeiten auf, da atomare Teilchen sich **ganz anders** als klassische verhalten.

Die Doppelnatur Welle - Teilchen führt unmittelbar zu der **Heisenberg'schen Unbestimmtheitsrelation**. Diese besagt, dass im atomaren Bereich die Lage **und** die Geschwindigkeit eines Teilchens **nicht** gleichzeitig genau bekannt sein können. Es gilt:

$$\Delta p \cdot \Delta x \approx h.$$

Je genauer der Ort des Teilchens bekannt ist, desto unbestimmter ist der Impuls, je genauer der Impuls, desto unsicherer ist die Kenntnis des Ortes. Dies folgt aus der Tatsache:

Wellenphysik + de Broglie - Beziehung ergibt
Heisenberg'sche Unbestimmtheitsrelation $\Delta p \cdot \Delta x \approx h$

Abb. 21:
Zur Ableitung der Heisenberg'schen Unbestimmtheitsrelation:

a) Bei unendlich langem Wellenzug ist der Impuls $p = \dfrac{h}{\lambda}$ genau bekannt, das Teilchen kann sich aber überall befinden ($\Delta p = 0$, $\Delta x = \infty$).

b) Lokalisiert man das Teilchen in einem Wellenpaket der Breite Δx, so müssen nach Fourier viele Wellen verschiedener Wellenlänge überlagert werden. Dies bedeutet eine Unsicherheit Δp in der Impulsfestlegung ($\Delta p \cdot \Delta x \approx h$).

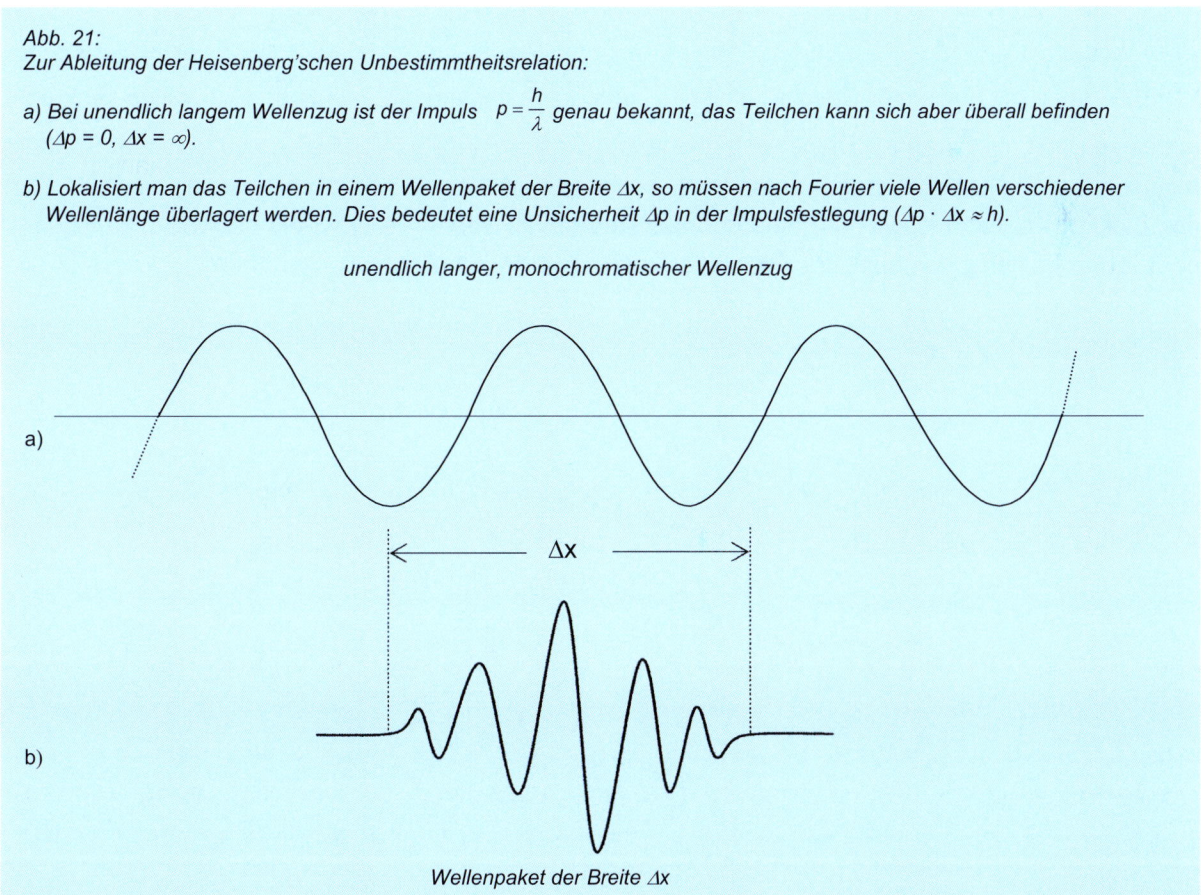

unendlich langer, monochromatischer Wellenzug

a)

Δx

b)

Wellenpaket der Breite Δx

Nach de Broglie hat ein Teilchen mit dem genau bekannten Impuls p die exakte Wellenlänge λ = h / p. Dies bedeutet aber einen **unendlich langen monochromatischen Wellenzug**, d. h. der Ort des Teilchens ist beliebig unbekannt.

Will man den Ort des Teilchens auf die Breite Δx des Wellenpaketes eingrenzen, so müssen nach Fourier Wellen verschiedener Wellenlänge **überlagert** werden, die sich außerhalb von Δx „weginterferieren" und nur im Bereich Δx verstärken. Dies ist eine Tatsache aus der Wellenphysik, die zunächst überhaupt nichts mit Quantenmechanik zu tun hat: **Wir können keine eindeutige Wellenlänge für einen kurzen Wellenzug definieren.** Die Fourieranalyse ergibt die Relation $\Delta k \cdot \Delta x \approx 2\pi$ wobei $k = 2\pi/\lambda$. Je kleiner Δx, desto größer Δk. Es gibt also auch eine Art Unschärferelation in der reinen Wellenphysik. Erst jetzt fügen wir „etwas quantentheoretisches" hinzu, nämlich die de Broglie-Beziehung

λ = h / p und erhalten $k = \dfrac{2\pi}{\lambda} = \dfrac{2\pi}{h} \cdot p \to \Delta k = \dfrac{2\pi}{h}\Delta p \to \Delta k \cdot \Delta x = \dfrac{2\pi}{h}\Delta p \cdot \Delta x \approx 2\pi \to \Delta p \cdot \Delta x \approx h$

also die Heisenbergsche Unschärferelation für die Orts- und Impulsmessung.

Wegen der Bedeutung der Heisenberg'schen Unbestimmtheitsrelation sei noch das folgende Gedankenexperiment angegeben:

Beugung von Elektronen am Spalt

Elektronen mit bekannter Geschwindigkeit v_x und damit bekanntem Impuls p_x = h/λ fallen senkrecht auf einen Spalt der Breite Δy. Die y-Komponente der Geschwindigkeit der Elektronen **vor dem Spalt** ist natürlich v_y = 0. Nun könnte man daran denken, durch Verkleinerung der Spaltbreite Δy auch den Ort des Elektrons genau festzulegen. Aufgrund des Dualismus Welle - Teilchen tritt aber beim Durchgang der Elektronen durch den Spalt das Phänomen der **Beugung** auf (Abb. 22).

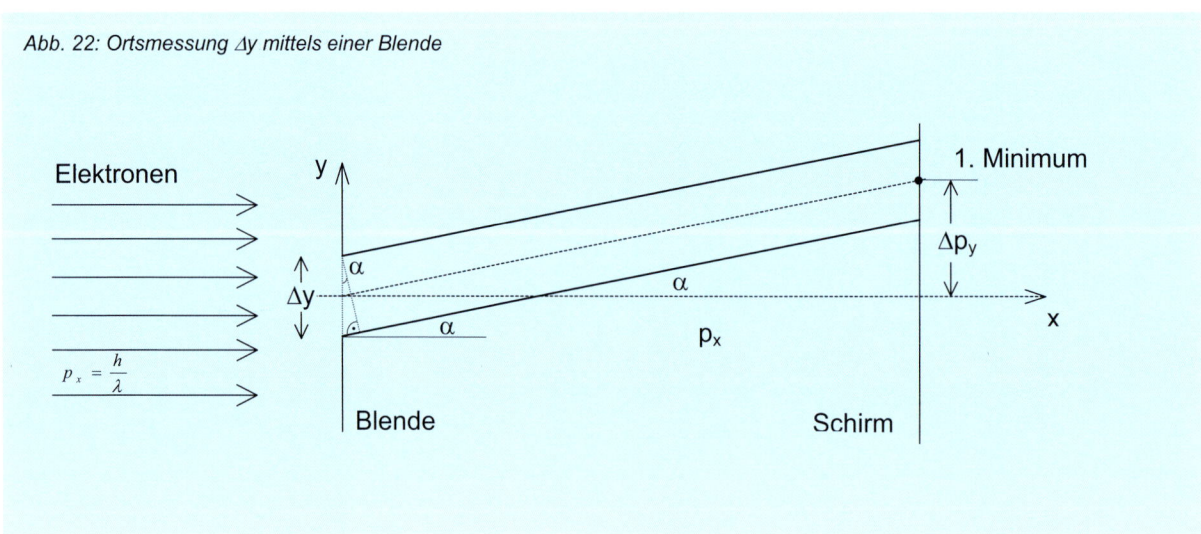

Abb. 22: Ortsmessung Δy mittels einer Blende

Im Einzelnen:

Für den Öffnungswinkel α gilt (bis zum 1. Minimum):

$$\sin\alpha = \frac{\lambda}{\Delta y} = \frac{\dfrac{h}{p_x}}{\Delta y}$$

$$\tan\alpha = \frac{\Delta p_y}{p_x}$$

Für kleine α ist $\sin\alpha \approx \tan\alpha$

$$\rightarrow \frac{h}{p_x\Delta y} = \frac{\Delta p_y}{p_x} \rightarrow \Delta\mathbf{p_y}\cdot\Delta\mathbf{y} = \mathbf{h}$$

D. h.: Je genauer die Ortsfestlegung (je kleiner also Δy), desto größer die Unsicherheit Δp_y in der Impulsmessung. Ort und Impuls können also **nicht** gleichzeitig beliebig genau gemessen werden wie in der klassischen Physik angenommen wird.

Heisenberg'sche Unschärferelation und Größe der Atome

Die alte Bohr'sche Theorie hatte eine Bewegung des Elektrons auf einer bestimmten Bahn um den Atomkern angenommen. Nach der klassischen **Elektrodynamik** würde dies aber bedeuten, dass das Elektron elektromagnetische Wellen aussenden und in den Atomkern **spiralen** müsste. Nach den Gesetzen der Elektrodynamik wäre eine Anordnung am stabilsten, bei der die positiven und negativen Ladungen möglichst nahe vereint wären, also das Elektron direkt auf dem Proton sitzen sollte. Genau dies aber **verbietet** die Heisenberg'sche Unschärferelation $\Delta p \cdot \Delta x \approx h$. Würde das Elektron in den Kern spiralen, wäre Δx sehr klein und Δp müsste entsprechend sehr groß werden; d. h. der Impuls des Elektrons würde **sehr stark anwachsen** und das Elektron **vom Kern wegtreiben**.

Beispiel: Zeige, dass die Heisenberg'sche Unbestimmtheitsrelation verbietet, dass das Elektron z. B. beim Wasserstoffatom in den Atomkern spiralen kann.

Der Radius des Protons beträgt etwa

$$r \approx 1,4\cdot 10^{-15}m = \Delta\mathsf{x}$$

$$\Delta p \cdot \Delta\mathsf{x} \approx h \qquad \rightarrow m_e\cdot\Delta\mathsf{v}\cdot\Delta\mathsf{x} \approx h$$

$$\rightarrow \Delta\mathsf{v} = \frac{h}{\Delta\mathsf{x}\cdot m_e} = \frac{6,625\cdot 10^{-34}\,Joule\cdot sec}{1,4\cdot 10^{-15}m\cdot 9,1\cdot 10^{-31}kg}$$

$$\rightarrow \Delta\mathsf{v} = 5,2\cdot 10^{11}\,\frac{m}{sec} = \frac{5,2\cdot 10^{11}}{3\cdot 10^{8}}c \approx \mathbf{1700c}$$

Für die Unschärfe in der Geschwindigkeit würde sich die 1700-fache Lichtgeschwindigkeit ergeben, was nach Einstein unmöglich ist. Bei Annäherung des Elektrons an den Atomkern treten also nach der Heisenberg'schen Unschärferelation ungeheuere Geschwindigkeiten auf, die das Elektron vom Kern wegtreiben!

Jede Messung im Bereich der Mikrophysik verursacht eine prinzipielle Störung

Jede physikalische Messung setzt die Benutzung von Messinstrumenten voraus und besteht in einer **Wechselwirkung** zwischen diesen und dem Gegenstand der Messung. Um z. B. die Temperatur einer Flüssigkeitsmenge zu bestimmen, bringt man sie mit einem Thermometer in Berührung. Von der zu untersuchenden Flüssigkeit wird Wärme an das Thermometer abgegeben oder diesem entzogen, sodass durch die Messung der zu messende Körper in seinem Zustand **verändert** wird. Praktisch spielt diese Erscheinung in dem angegebenen Beispiel natürlich keine Rolle, weil man durch die Wahl eines genügend feinen Thermometers und durch nachträgliche **rechnerische Korrektur** den Fehler so klein machen kann, dass eine „unbegrenzte" Genauigkeit vorgetäuscht wird.

Grundsätzlich ist mit jeder physikalischen Messung eine **Rückwirkung** des Messinstrumentes auf den untersuchten Gegenstand verbunden. Da in der **klassischen Physik** die Wechselwirkung zwischen Instrument und Objekt beliebig klein gemacht werden kann, hat diese prinzipielle Störung jedes Messvorganges hier keine praktische Bedeutung.

Ganz anders im Bereich der Atome. Bei der Untersuchung einzelner atomarer Gebilde gibt es **keine** Möglichkeit, die Messinstrumente, die ja auch aus Atomen bestehen, noch feiner und kleiner zu machen als die zu messenden Objekte. Ebenso ist es hier unmöglich, die Beeinflussung des Gegenstandes durch das Messinstrument zu kontrollieren und durch entsprechende rechnerische Korrekturen auszuschalten. Daher werden grundsätzlich alle Messungen im Bereich der Atome dadurch **wesentlich gestört**, dass mit der Durchführung der Beobachtung eine Veränderung des Objektes notwendig verbunden ist. Diese störende Beeinflussung ist nicht auf Mängel in der Experimentierkunst, die später einmal behoben werden könnten, zurückzuführen, sondern sie ist in den **Naturgesetzen selbst, in der atomistischen Struktur von Materie und Energie begründet**.

In der Mikrophysik ist daher grundsätzlich eine Bahn des Elektrons um den Atomkern nicht beobachtbar.

Mit einem idealen Supermikroskop, das etwa mit kurzwelligen Gammastrahlen arbeitet, soll die Bewegung des Elektrons in einem Wasserstoffatom verfolgt werden. Um den Ort des Elektrons in einem Moment festzustellen, muss dieses mit „Gammalicht", das aus einzelnen Lichtquanten besteht, beleuchtet werden. Wenn ein solches Lichtquant das Elektron trifft, wird es reflektiert und gelangt in das

Supermikroskop, um hier den Ort des Elektrons anzuzeigen. Zur Festlegung der Elektronenbahn müsste man nun nacheinander weitere Ortsbestimmungen vornehmen. Dabei ergibt sich aber die grundsätzliche Schwierigkeit, dass das Elektron durch die erste Beobachtung infolge seiner Wechselwirkung mit dem Lichtquant aus seinem Zustand herausgebracht wird. Wir werden es bei einer zweiten Beobachtung irgendwo in größerer Entfernung vom Atomkern vorfinden; in den meisten Fällen wird es wegen der großen Energie der Gammaquanten völlig vom Atom gelöst sein, so dass das Atom ionisiert ist. Wenn wir also den Ort des Elektrons möglichst exakt bestimmen wollen, dann wird durch diesen Messvorgang das Atom so gestört, dass eine Geschwindigkeitsbestimmung unmöglich wird. Daher ist eine Elektronenbahn um den Atomkern grundsätzlich experimentell **nicht** feststellbar.

Zusammenfassung

Werner Heisenberg (1901-1976) hat festgestellt, dass seine Unbestimmtheitsrelation nicht nur für die Begriffe Ort und Geschwindigkeit gilt, sondern für alle Zustandsgrößen, deren Produkt die Dimension einer **Wirkung = Energie x Zeit** haben. Solche Größen heißen **komplementäre** Systemgrößen, also z. B.

$\Delta p \cdot \Delta x \approx h$

Eine analoge Beziehung gilt für die Unschärfe von Energie und Zeit:

$\Delta E \cdot \Delta t \approx h.$

Diese Heisenberg'schen Unschärferelationen haben nicht das geringste mit irgendwelcher durch die Unvollkommenheit unserer Messinstrumente gegebenen Ungenauigkeit der Messergebnisse zu tun, sondern stellen als Folge des **Wellen-Teilchen-Dualismus** eine **prinzipielle** Genauigkeitsgrenze für die Messung zueinander **komplementärer Systemgrößen** dar.

1927 zog Heisenberg mit seinen berühmten Unschärfebeziehungen eine der wichtigsten Schlussfolgerungen aus der Quantenmechanik. Auf die Heisenberg'sche Mitteilung antwortete Pauli: „Es wird Tag in der Quantentheorie".

Nach der klassischen Mechanik

Eine Masse m, deren Bewegungsmöglichkeit auf die x-Achse beschränkt sei, wird bei Auslenkung aus ihrer als Koordinatenursprung gewählten Ruhelage durch eine zur Auslenkung x proportionalen Kraft $K = -k \cdot x$ zurückgezogen.

Es sei bemerkt, dass es sich hierbei um eine **Idealisierung** handelt, da die Kraft mit der Entfernung von der Gleichgewichtslage nach obiger Gleichung unbegrenzt zunehmen würde. In allen realen Fällen treten von gewissen Amplitudenwerten erhebliche Abweichungen von diesem Kraftgesetz auf. **Für kleine Schwingungsamplituden von x ist jedoch die Vorstellung eines harmonischen Oszillators anwendbar.**

Grundgleichung der klassischen Mechanik: Newton'sche Gleichung

$$K = m\ddot{x} \quad \text{also} \quad m\ddot{x} = -k\,x$$

Lösung $x = x_0 \sin \omega t$

eingesetzt: $m x_0 \omega^2 (-\sin \omega t) = -k x_0 \sin \omega t$

$$k = m\omega^2 \quad \text{und da} \quad \omega = \frac{2\pi}{T} \quad \rightarrow \quad T = 2\pi\sqrt{\frac{m}{k}}$$

$\rightarrow$ Schwingungen um Ruhelage mit Schwingungsdauer $T = 2\pi\sqrt{\frac{m}{k}}$

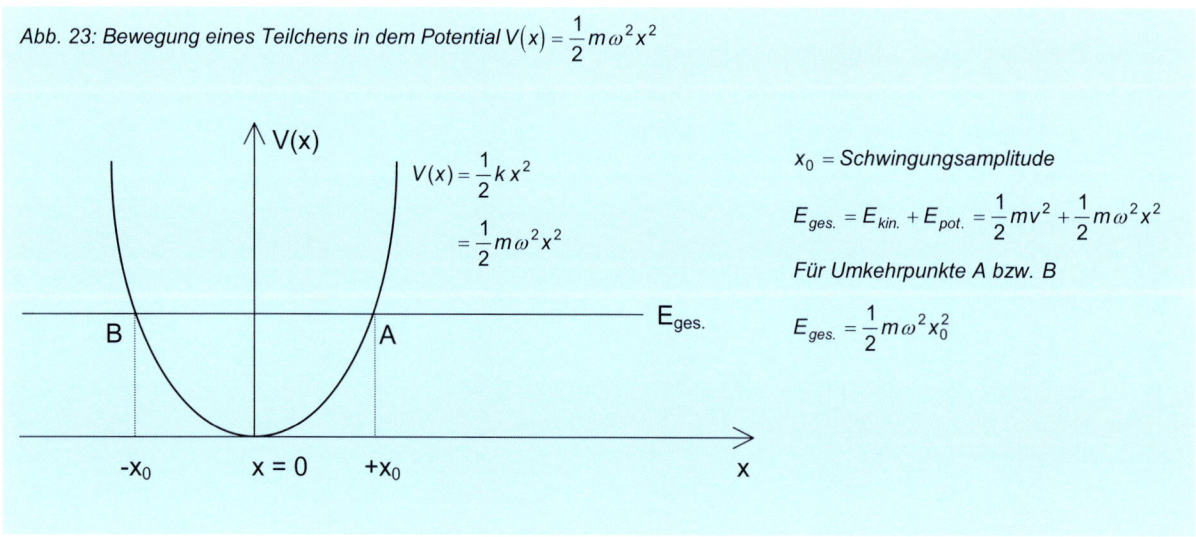

Abb. 23: Bewegung eines Teilchens in dem Potential $V(x) = \frac{1}{2}m\omega^2 x^2$

$V(x) = \frac{1}{2}k x^2$

$= \frac{1}{2}m\omega^2 x^2$

$E_{ges.}$

B   A

$-x_0$ $x = 0$ $+x_0$ x

$x_0 = $ *Schwingungsamplitude*

$E_{ges.} = E_{kin.} + E_{pot.} = \frac{1}{2}mv^2 + \frac{1}{2}m\omega^2 x^2$

Für Umkehrpunkte A bzw. B

$E_{ges.} = \frac{1}{2}m\omega^2 x_0^2$

In der klassischen Mechanik ist $E_{ges.}$ stetig veränderbar!

Ist die Energie $E_{ges.} = 0$, **dann ruht das Teilchen bei x = 0** (= niedrigster Energiezustand).

Quantenmechanische Behandlung des harmonischen Oszillators im Grundzustand (= niedrigster Energiezustand)

Die Grundgleichung der Atomphysik = Schrödinger-Gleichung heißt:

$$\frac{d^2 \psi(x)}{dx^2} + \frac{2m}{\hbar^2}\left(E - V(x)\right)\psi(x) = 0$$

Für den harmon. Oszillator ist: $V = \frac{1}{2}k\,x^2 = \frac{1}{2}m\,\omega^2 x^2$

$$\rightarrow \quad \frac{d^2\psi}{dx^2} + \frac{2m}{\hbar^2}\left(E - \frac{1}{2}m\,\omega^2 x^2\right)\psi = 0$$

und die Normierungsbedingung: $\displaystyle\int_{-\infty}^{+\infty} |\psi(x)|^2\,dx = 1$

Wir probieren als Lösung:

$$\psi = A\,e^{-\frac{\alpha^2 x^2}{2}} \quad \rightarrow \quad \psi' = -A\,\alpha^2 \cdot x \cdot e^{-\frac{\alpha^2 x^2}{2}}$$

$$\psi'' = -A\cdot \alpha^2 \cdot x \cdot e^{-\frac{\alpha^2 x^2}{2}}\left(-\alpha^2 x\right) - A\,\alpha^2\,e^{-\frac{\alpha^2 x^2}{2}} = A\,e^{-\frac{\alpha^2 x^2}{2}}\left(\alpha^4 x^2 - \alpha^2\right)$$

In die Schrödinger - Gleichung eingesetzt:

$$A\,e^{-\frac{\alpha^2 x^2}{2}}\left(\alpha^4 x^2 - \alpha^2\right) = \frac{2m}{\hbar^2}\left(\frac{1}{2}m\,\omega^2 x^2 - E\right)A\,e^{-\frac{\alpha^2 x^2}{2}}$$

$$\alpha^4 x^2 - \alpha^2 = \frac{2m}{\hbar^2}\left(\frac{1}{2}m\,\omega^2 x^2 - E\right)$$

$$\underbrace{\frac{2mE}{\hbar^2} - \alpha^2}_{=0} \quad + \quad x^2\underbrace{\left(\alpha^4 - \frac{m^2\omega^2}{\hbar^2}\right)}_{=0} = 0$$

$$E_0 = \frac{\alpha^2 \hbar^2}{2m} = \frac{\hbar\,\omega}{2} \qquad \alpha^2 = \frac{m\,\omega}{\hbar}$$

Die Konstante A ergibt sich wieder aus der Normierungsbedingung

$$\int_{-\infty}^{\infty} |\psi(x)|^2\,dx = 1 \;=\; A^2 \int_{-\infty}^{\infty} e^{-\alpha^2 x^2}\,dx$$

Wir setzen $\alpha\,x = z \quad \rightarrow \quad dx = \frac{dz}{\alpha}$

$$1 = A^2 \frac{1}{\alpha} \int\limits_{-\infty}^{\infty} e^{-z^2} dz = A^2 \cdot \frac{1}{\alpha} \cdot \sqrt{\pi} \qquad \rightarrow \qquad A = \sqrt{\frac{\alpha}{\sqrt{\pi}}} = \left(\frac{m\,\omega}{\hbar \cdot \pi}\right)^{\frac{1}{4}}$$

Der Beweis, dass $\int\limits_{-\infty}^{\infty} e^{-x^2} dx = \sqrt{\pi}$ ist, lässt sich elegant wie folgt geben:

Integral $\quad \mathrm{I} = \int\limits_{-\infty}^{\infty} e^{-x^2} dx$

$$\rightarrow \quad \mathrm{I}^2 = \int\limits_{-\infty}^{\infty} e^{-x^2} dx \cdot \int\limits_{-\infty}^{\infty} e^{-y^2} dy = \int\limits_{-\infty}^{\infty} \int\limits_{-\infty}^{\infty} e^{-\left(x^2 + y^2\right)} dx\,dy$$

Dieses Doppelintegral über die x - y Ebene kann in Polarkoordinaten so geschrieben werden:

$$\mathrm{I}^2 = \int\limits_{0}^{\infty} e^{-r^2} \cdot 2\pi\,r\,dr. \quad \text{Wir setzen} \quad r^2 = t \qquad \rightarrow \qquad dt = 2\,r\,dr$$

$$\mathrm{I}^2 = \pi \int\limits_{0}^{\infty} e^{-t} dt = \pi \qquad \rightarrow \qquad \mathrm{I} = \sqrt{\pi}$$

Die normierte Wellenfunktion des harmonischen Oszillators im Grundzustand heißt:

$$\psi_0\left(x\right) = \left(\frac{m\,\omega}{\hbar \cdot \pi}\right)^{\frac{1}{4}} \cdot e^{-\frac{m\,\omega}{2\hbar} x^2} \quad \text{oder, da} \quad E_0 = \frac{1}{2}\hbar\,\omega = \frac{1}{2} m\,\omega^2 x_0^2 \qquad \rightarrow \qquad m\,\omega = \frac{\hbar}{x_0^2}$$

$$\psi_0\left(\mathbf{x}\right) = \frac{1}{\sqrt{\mathbf{x_0} \cdot \sqrt{\pi}}} \cdot \mathbf{e}^{-\frac{\mathbf{x}^2}{2\mathbf{x_0}^2}}$$

Klassische und quantenmechanische Wahrscheinlichkeitsdichte für den niedrigsten Energiezustand $E_0 = \dfrac{\hbar \cdot \omega}{2}$

Die quantenmechanische Wahrscheinlichkeitsdichte für E_0 beträgt also

$$w_{QM} = |\psi_0\left(x\right)|^2 = \frac{1}{x_0 \cdot \sqrt{\pi}} \cdot e^{-\frac{x^2}{x_0^2}} \qquad \text{(Abb. 24)}.$$

Hier zeigt sich ein **typisch quantenmechanisches** Phänomen:
Nach der klassischen Theorie ist die kleinste Energie des Oszillators $E = 0$ und entspricht einem im Gleichgewichtszustand, d. h. bei $x = 0$ **ruhenden** Teilchen. Die Wahrscheinlichkeitsdichte ist mit Ausnahme des Punktes $x = 0$ überall Null. In der Quantentheorie aber ist die kleinste Energie des Oszilla-

tors $E_0 = \dfrac{\hbar\omega}{2}$ und heißt **Nullpunktsenergie**. Die dazugehörige Wahrscheinlichkeitsdichteverteilung zeigt Abb. 24.

Die Nullpunktsenergie ist eine unmittelbare Folge der Heisenberg'schen Unschärfebeziehung $\Delta x \cdot \Delta p \geq h$: Würde das Teilchen ruhen, so könnte man Position und Impuls gleichzeitig scharf messen. Dies ist nach Heisenberg aber **nicht** möglich.

Das quantenmechanische Phänomen der Nullpunktsenergie

Experimentell lässt sich die Existenz von **Nullpunktsenergie** und **Nullpunktsschwingungen** in Atomen durch Beobachtung der Lichtstreuung in Kristallen nachweisen. Die Lichtstreuung wird durch Atomschwingungen verursacht. Mit sinkender Temperatur müsste nach der klassischen Theorie die Schwingungsamplitude unbegrenzt kleiner werden und zugleich damit auch die Lichtstreuung verschwinden. Die Versuchserfahrung zeigt aber, dass die Intensität der Lichtstreuung bei sinkender Temperatur einem bestimmten **Grenzwert** zustrebt. Das bedeutet, dass die Atomschwingungen auch beim absoluten Nullpunkt **nicht** aufhören. Diese Tatsache bestätigt die durch die Heisenberg'sche Unschärferelation geforderte Existenz von Nullpunktsschwingungen. Die Schrödinger-Gleichung ergibt - wie gezeigt - für dieses Minimum der Energie den Wert $E_0 = \dfrac{\hbar\omega}{2}$.

Die höheren Energieeigenwerte des harmonischen Oszillators $E_n = \hbar\omega\left(n + \dfrac{1}{2}\right)$ für $n = 1, 2, 3 \ldots$ und die entsprechenden Eigenfunktionen ψ_n sollen hier nicht besprochen werden.

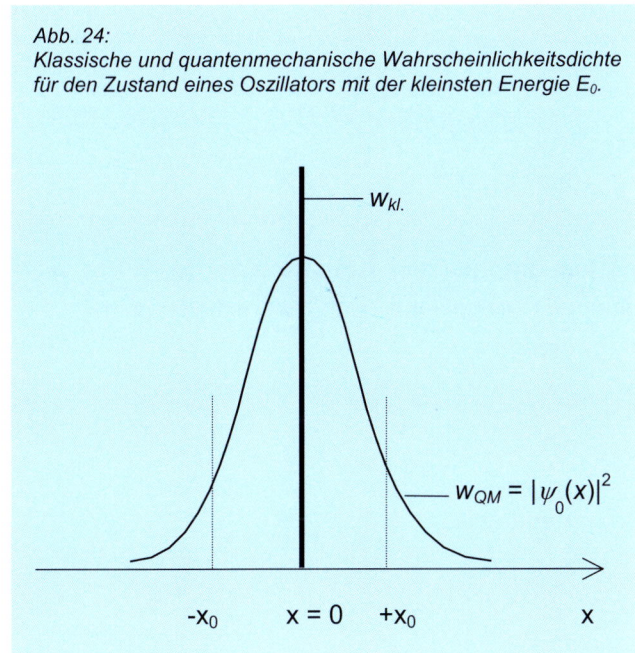

Abb. 24:
Klassische und quantenmechanische Wahrscheinlichkeitsdichte für den Zustand eines Oszillators mit der kleinsten Energie E_0.

Schrödinger hatte seine epochemachende Arbeit „Quantisierung als Eigenwertproblem" genannt. Daher wollen wir jetzt die wichtige Frage beantworten: Wie kommt eine der bemerkenswertesten Konsequenzen der Schrödinger-Gleichung zustande, nämlich die erstaunliche Tatsache, dass eine Differentialgleichung, die nur kontinuierliche Funktionen von kontinuierlichen Variablen im Raum enthält, **Quanteneffekte**, wie die diskreten Energieniveaus in einem Atom, hervorbringen kann? Wie kommt es, dass ein Elektron in einem Potentialtopf, z. B. des harmonischen Oszillators, **notwendigerweise nur diskrete Energiewerte** haben kann? Und wir werden durch die folgende, mehr intuitiv-physikalische Betrachtungsweise den Satz des englischen Physikers Paul Adrien Maurice Dirac (1902-1984, 1933 Nobelpreis für Physik) „**I understand what an equation means if I have a way of figuring out the characteristics of its solution without actually solving it**" veranschaulichen.

Graphische Konstruktion der Eigenfunktionen des Oszillators im tiefsten Energiezustand

Abb. 25 zeigt das Oszillatorpotential $V(x)$. Die Schrödinger-Gleichung heißt:

$$\psi''(x) = \frac{2m}{\hbar^2}(V - E)\psi(x) = \frac{2m}{\hbar^2}\left(\frac{1}{2}m\omega^2 x^2 - E\right)\psi(x)$$

mit der Normierungsbedingung: $\int_{-\infty}^{\infty}|\psi(x)|^2\,dx = 1$

Wir wollen diese Gleichung als eine Vorschrift zur **graphischen Konstruktion** der Kurve $\psi(x)$ betrachten. Dazu erinnern wir uns an einige Tatsachen aus der gewöhnlichen Differentialrechnung:

y = f(x) ist eine **Linkskurve**, wenn y′ zunimmt, also y″ **positiv** ist

y = f(x) ist eine **Rechtskurve**, wenn y′ abnimmt, also y″ **negativ** ist

y = f(x) hat einen **Wendepunkt** W, wenn y″ = 0 ist, d. h. Linkskurve geht in Rechtskurve oder Rechtskurve in Linkskurve über

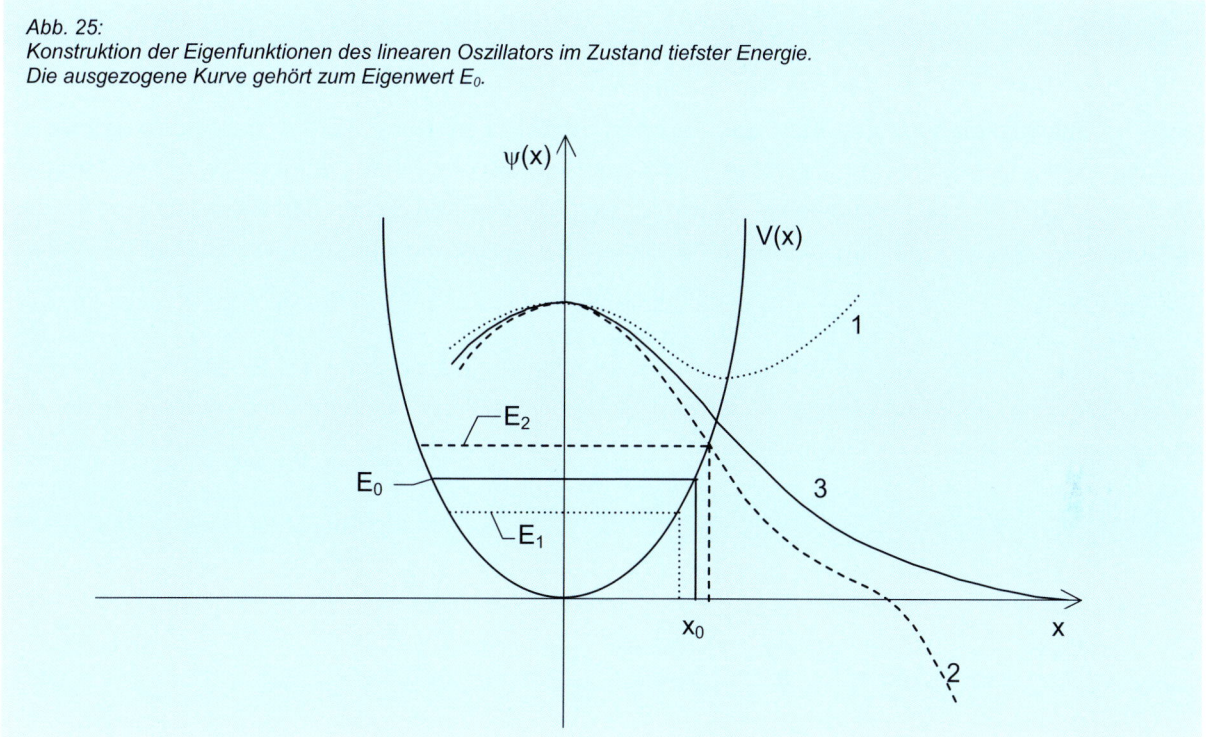

Zurück zur Schrödinger-Gleichung: $\psi''(x)$ ändert das Vorzeichen, wenn $\psi(x)$ selbst das Vorzeichen ändert oder wenn x die durch $m\omega^2 \dfrac{x_0^2}{2} = E$ gegebenen Stellen überschreitet ($\pm x_0$ = klassische Umkehrpunkte).

Beginnt man die Konstruktion z. B. mit $\psi(0) = 1$ und $\psi'(0) = 0$, so hat man für kleine x zunächst ein negatives ψ'', d. h. eine Krümmung zur x-Achse hin, also einen cosinusähnlichen Verlauf. Wir wählen zunächst E und damit die Anfangskrümmung so klein, dass die Stelle x_0 schon vor der ersten Nullstelle von $\psi(x)$ erreicht wird. Dann gibt es für den Verlauf von ψ für $x > x_0$ drei Möglichkeiten (Abb. 25):

1. $E = E_1$ ist so klein, dass die ψ-Kurve wegen ihrer Krümmungsänderung hinter x_0 die x-Achse nicht mehr erreicht, sie läuft für $x > x_0$ ins Positiv-Unendliche (Kurve 1).

2. $E = E_2$ ist so groß, dass die ψ-Kurve trotz ihrer Krümmungsänderung hinter x_0 die x-Achse schneidet. Dann muss ψ seine Krümmung nochmals ändern und läuft ins Negativ-Unendliche (Kurve 2).

3. Zwischen diesen beiden Fällen erwartet man bei einem bestimmten Wert $E = E_0$ einen **Grenzfall**, bei dem die ψ-Kurve die x-Achse hinter x_0 nicht mehr schneidet, sondern im Unendlichen **asymptotisch berührt**. E_0 ist dann ein „Eigenwert" der Schrödinger-Gleichung (Kurve 3).

Ergebnis

Die Kurven 1 und 2 in Abb. 25 sind **nicht** normierbar und daher physikalisch sinnlos. Denn die Nicht-Normierbarkeit bedeutet, dass das Teilchen **nicht** in dem Potentialtopf „gebunden" ist. Es ist unendlich viel wahrscheinlicher, dass das Teilchen **außerhalb** des Topfes gefunden wird als innerhalb. Damit stellen die Kurven 1 und 2 **keine** Lösung für ein gebundenes Teilchen dar. Selbstverständlich gibt es für ein Teilchen im Potentialtopf des harmonischen Oszillators nicht nur die eine Energie E_0. Andere diskrete Energien $E_n = \hbar\omega\left(n + \dfrac{1}{2}\right)$, zu denen die entsprechenden **normierbaren** Eigenfunktionen $\psi_n(x)$ gehören, sind möglich. Aber es sind **keine** Energien möglich, die **zu dicht** bei E_0 oder E_n liegen. Wir sehen: Die diskreten Energieeigenwerte der Schrödinger-Gleichung sind eine direkte Folge der Normierungsbedingung

$$\int_{-\infty}^{\infty} |\psi_n(x)|^2 \, dx = 1.$$

A ls Höhepunkt behandeln wir abschließend den Grundzustand des Wasserstoffatoms nach der alten **Bohrschen Theorie** und dann nach **Schrödinger**. Dazu machen wir folgende einfache Annahmen: Punktförmiger Kern der Ladung + e, punktförmiges Elektron der Ladung - e; Masse des Protons unendlich groß gegen Masse m des Elektrons, sodass die Mitbewegung des Protons vernachlässigt werden kann.

Der Bohrsche Radius $a_1 = 0{,}53\ \overset{\circ}{A}$

Die Bahn des Elektrons wird nach Bohr durch zwei Bedingungen festgelegt, eine **klassische** und eine **quantentheoretische**. Die klassische verlangt Gleichgewicht zwischen der Fliehkraft und der Coulombschen Anziehung:

(1) $\dfrac{1}{4\pi\varepsilon_0}\cdot\dfrac{e^2}{a^2}=\dfrac{mv^2}{a}$ a = Bahnradius

$\rightarrow\quad E_{kin}=\dfrac{1}{2}mv^2=\dfrac{1}{8\pi\varepsilon_0}\cdot\dfrac{e^2}{a}$

(2) Die quantentheoretische Bedingung heißt:

Impuls x Bahnlänge = $m\cdot v\cdot 2\pi a = n\cdot h$

Für den Grundzustand gilt: n = 1

also: $m\cdot v\cdot 2\pi a_1 = h$ $\rightarrow$ $v=\dfrac{h}{2\pi m\cdot a_1}$

in (1) eingesetzt: $\dfrac{1}{4\pi\varepsilon_0}\cdot\dfrac{e^2}{a_1^2}=\dfrac{m\cdot h^2}{4\pi^2 m^2\cdot a_1^2\cdot a_1}$

$\rightarrow\quad \mathbf{a_1=\dfrac{\varepsilon_0\cdot h^2}{\pi\,m\,e^2}=0{,}53\ \overset{\circ}{A}}$

($h = 6{,}625\cdot 10^{-34}\ Joule\cdot sec$

$\varepsilon_0 = 8{,}854\cdot 10^{-12}\ \dfrac{Cb^2}{m^2\cdot N}$

$e = 1{,}6\cdot 10^{-19}\ Cb$

$m = 9{,}1\cdot 10^{-31}\ kg$)

Gesamtenergie des Elektrons auf der Bohrschen Bahn für n = 1: E_1 = - 13,6 eV

Die Gesamtenergie des Elektrons auf der Bahn mit Radius a_1 beträgt:

$$E_1 = E_{kin.} + E_{pot.} = \frac{1}{2}mv^2 + \frac{1}{4\pi\varepsilon_0}\int_\infty^{a_1}\frac{e^2}{r^2}\,dr$$

$$= \frac{1}{8\pi\varepsilon_0}\cdot\frac{e^2}{a_1} - \frac{1}{4\pi\varepsilon_0}\cdot\frac{e^2}{a_1}$$

$$= -\frac{1}{8\pi\varepsilon_0}\cdot\frac{e^2}{a_1} = -\frac{1}{8\pi\varepsilon_0}\cdot\frac{e^2\cdot\pi\cdot m\cdot e^2}{\varepsilon_0\cdot h^2} = -\frac{1}{8}\cdot\frac{m\cdot e^4}{\varepsilon_0^2\cdot h^2}$$

Setzt man die Werte ein, so ergibt sich E_1 = - 13,6 eV. Dies ist die Energie, die nötig ist, das Elektron vom H-Atom abzulösen = Ionisierungsenergie. Das Minuszeichen kommt zustande, weil man den Energienullpunkt ins Unendliche gelegt hat.

Das Bohrsche Atommodell mutet **künstlich** an und kann nicht erklären, warum es überhaupt stabile Elektronenbahnen geben soll, auf denen das Elektron nicht strahlt und in den Kern stürzt. Erst die Schrödingersche Wellenmechanik brachte eine befriedigende Lösung. Vor allem ergeben sich hier die **diskreten Energieeigenwerte** E_1, E_2, ... E_n des Wasserstoffatoms einfach aus der Randbedingung des Verschwindens der ψ-Funktion im Unendlichen, was bedeutet, dass sich das Elektron in der Nähe des Kerns aufhalten soll.

Das H-Atom im Grundzustand nach Schrödinger

In der Quantenmechanik hat es **keinen** Sinn von einer Bewegung des Elektrons um das Proton zu sprechen, vielmehr: **Die Unsicherheit in der Festlegung der Position des Elektrons ist so groß wie das Atom selbst!**

Alles was der Physiker leisten kann, ist, die Wahrscheinlichkeit $\psi^2\,\Delta V$ auszurechnen, das Teilchen in dem Volumenelement ΔV in einer Distanz r des Protons zu finden!

Das 1 s - Orbital $\psi_{100} = \dfrac{1}{\sqrt{\pi a_1^3}} \cdot e^{-\frac{r}{a_1}}$

Für den Grundzustand des Wasserstoffatoms seien ψ und E_1 berechnet; auf eine vollständige Lösungstheorie der Schrödinger-Gleichung muss verzichtet werden.

Das Potential für das System Proton-Elektron lautet: $V = -\dfrac{1}{4\pi\varepsilon_0} \cdot \dfrac{e^2}{r}$

Die dreidimensionale zeitunabhängige Schrödinger-Gleichung lautet:

$$\frac{\partial^2\psi}{\partial x^2} + \frac{\partial^2\psi}{\partial y^2} + \frac{\partial^2\psi}{\partial z^2} + \frac{2m}{\hbar^2}\left(E + \frac{e^2}{4\pi\varepsilon_0 r}\right)\psi = 0 \qquad \text{oder, da } r = \sqrt{x^2 + y^2 + z^2}$$

$$-\frac{\hbar^2}{2m}\left(\frac{\partial^2\psi}{\partial x^2} + \frac{\partial^2\psi}{\partial y^2} + \frac{\partial^2\psi}{\partial z^2}\right) - \frac{e^2}{4\pi\varepsilon_0\sqrt{x^2 + y^2 + z^2}}\psi = E\psi$$

Für ψ soll die Randbedingung erfüllt sein: $\psi \to 0$ für $r\left(=\sqrt{x^2 + y^2 + z^2}\right) \to \infty$, d. h. das Elektron soll sich in der Nähe des Kerns aufhalten und für große Entfernung vom Kern soll die Wahrscheinlichkeit, das Elektron zu finden, gegen Null gehen.

Es ist zu zeigen, dass $\psi = e^{-\alpha\sqrt{x^2+y^2+z^2}}$ bei geeignetem α eine Lösung der Schrödinger Gleichung ist. Zunächst: Bei positivem α wird offensichtlich die Randbedingung des Verschwindens von ψ im Unendlichen erfüllt. Weiterhin wird sich für α der Reziprokwert des Bohrschen Radius ergeben $\left(\alpha = \dfrac{1}{a_1}\right)$

und für E_1 die Gesamtenergie des Elektrons im Grundzustand $E_1 = -\dfrac{1}{8} \cdot \dfrac{me^4}{\varepsilon_0^2 h^2}$.

Im Einzelnen: $\dfrac{\partial\psi}{\partial x} = \dfrac{-\alpha \cdot x \cdot e^{-\alpha\sqrt{x^2+y^2+z^2}}}{\sqrt{x^2+y^2+z^2}}$ (siehe Seite 60)

$$\frac{\partial^2\psi}{\partial x^2} = \left[\frac{\alpha^2 x^2}{r^2} - \alpha \cdot \frac{\left(y^2 + z^2\right)}{r^3}\right] \cdot e^{-\alpha r}$$

entsprechend: $\dfrac{\partial^2\psi}{\partial y^2} = \left[\dfrac{\alpha^2 y^2}{r^2} - \alpha \cdot \dfrac{\left(x^2 + z^2\right)}{r^3}\right] \cdot e^{-\alpha r}$

$$\frac{\partial^2\psi}{\partial z^2} = \left[\frac{\alpha^2 z^2}{r^2} - \alpha \cdot \frac{\left(x^2 + y^2\right)}{r^3}\right] \cdot e^{-\alpha r}$$

Einsetzen in die Schrödinger - Gleichung ergibt:

$$\left[-\frac{\hbar^2}{2m}\left(\alpha^2 - \frac{2\alpha}{r} \right) - \frac{e^2}{4\pi\varepsilon_0 \cdot r} - E \right] \cdot e^{-\alpha r} = 0$$

Sammeln der konstanten Glieder und der $\frac{1}{r}$ - abhängigen Glieder:

$$\left[\underbrace{-\frac{\hbar^2}{2m} \cdot \alpha^2 - E}_{=0} + \underbrace{\frac{\alpha \cdot \hbar^2}{m \cdot r} - \frac{e^2}{4\pi\varepsilon_0 \cdot r}}_{=0} \right] \cdot e^{-\alpha r} = 0$$

$$E_1 = -\frac{\hbar^2 \cdot \alpha^2}{2m} \qquad \alpha = \frac{me^2}{4\pi\varepsilon_0 \cdot \hbar^2} = \frac{\pi me^2}{\varepsilon_0 \cdot h^2} = \frac{1}{a_1} \qquad \hbar = \frac{h}{2\pi}$$

$$= -\frac{1}{8} \cdot \frac{me^4}{\varepsilon_0^2 \cdot h^2}$$

Es ergibt sich also für α der Reziprokwert des Bohrschen Radius a_1 und für E_1 der gleiche Wert für die Gesamtenergie des Elektrons im Grundzustand wie bei der alten Bohrschen Theorie.

Also haben wir:

$$\psi = A \cdot e^{-\frac{r}{a_1}} \quad \text{oder} \quad \psi^2 = A^2 \cdot e^{-\frac{2r}{a_1}}$$

Die Normierungsbedingung $\int\limits_0^\infty \psi^2 dV = 1$ (wobei $dV = 4\pi r^2 dr$) führt nach 2 - maliger Produktintegration

zu $A^2 = \frac{1}{\pi a_1^3}$ (auf Seite 61 zeigen wir: $\int\limits_0^\infty r^2 e^{-\frac{2r}{a_1}} dr = \frac{a_1^3}{4}$).

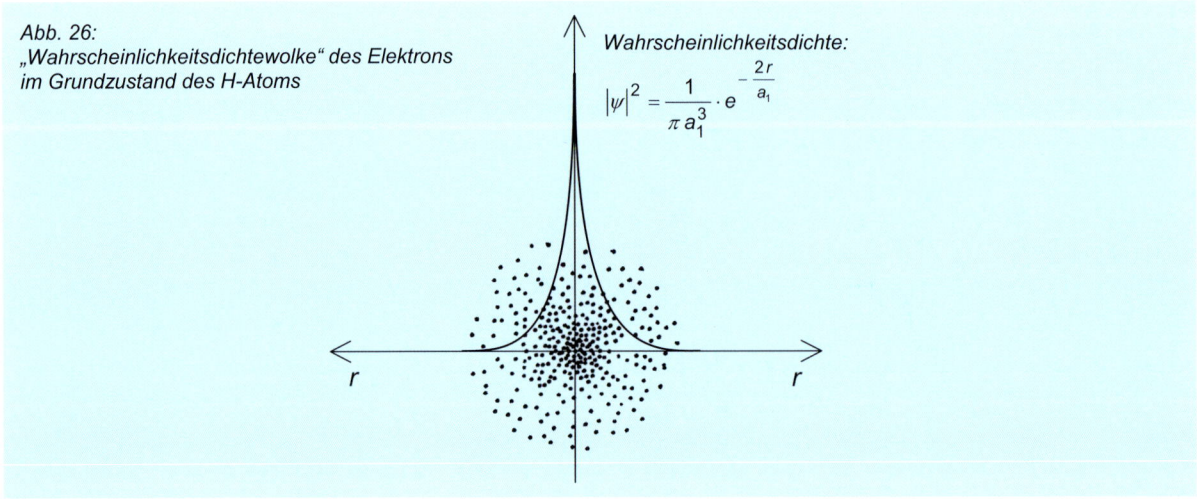

Abb. 26:
„Wahrscheinlichkeitsdichtewolke" des Elektrons
im Grundzustand des H-Atoms

Wahrscheinlichkeitsdichte:

$$|\psi|^2 = \frac{1}{\pi a_1^3} \cdot e^{-\frac{2r}{a_1}}$$

Diese „Wahrscheinlichkeitsdichte-Wolke" ist das beste Bild, das sich der Physiker von dem H-Atom im Grundzustand machen kann!

„Our most precise description of nature **must** be in terms of **probabilities**"! (Feynman)

Quantenmechanische Deutung des Bohrschen Radius a_1

$$w(r)\,dr = \psi^2\,dV = \psi^2 \cdot 4\pi r^2 \cdot dr = A^2 \cdot e^{-\frac{2r}{a_1}}\, 4\pi r^2 \cdot dr$$

$w(r)dr$ = Wahrscheinlichkeit, das Elektron in einer Kugelschale zwischen r und $r + dr$ zu finden.

$$w(r) = B \cdot r^2 \cdot e^{-\frac{2r}{a_1}}$$

$$\frac{dw(r)}{dr} = B \cdot 2r \cdot e^{-\frac{2r}{a_1}} + B \cdot r^2 \cdot e^{-\frac{2r}{a_1}}\left(-\frac{2}{a_1}\right) = 0 \quad \text{(Bedingung für Maximum oder Minimum)}$$

$$2r = \frac{2r^2}{a_1} \quad \longrightarrow \quad r\,a_1 = r^2 \quad \longrightarrow \quad r\left(a_1 - r\right) = 0$$

Bei $r = 0$ liegt das Minimum

Bei $r = a_1$ liegt das Maximum!

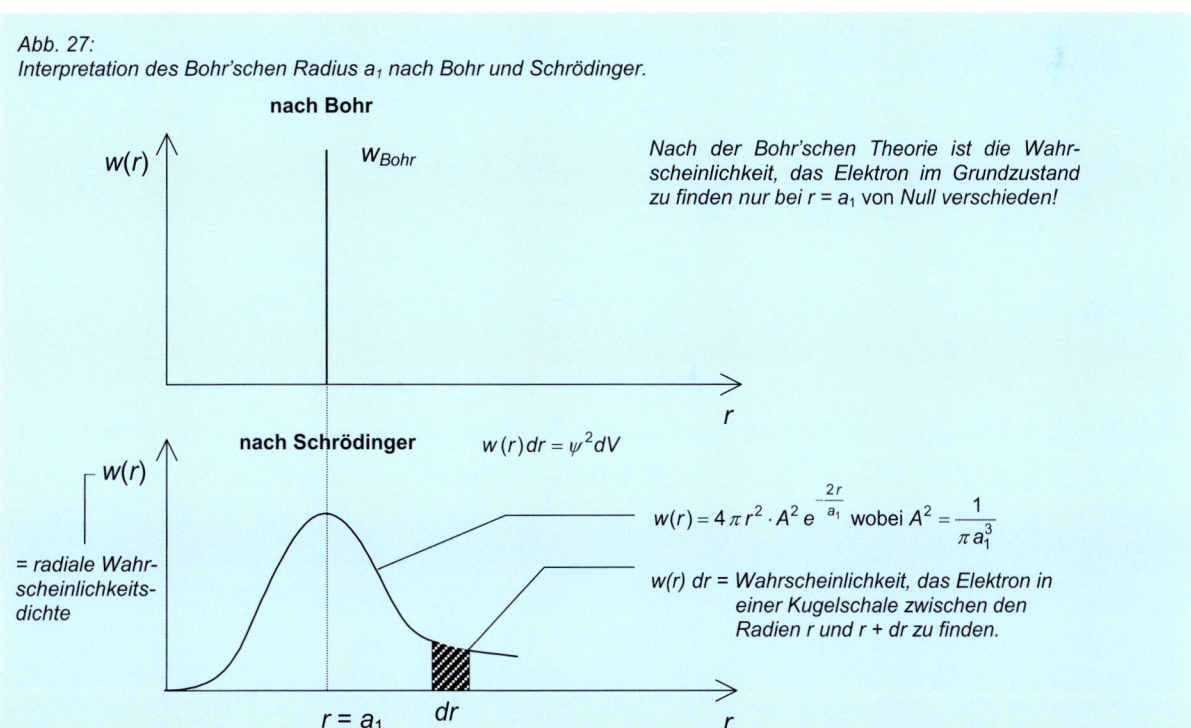

Abb. 27:
Interpretation des Bohr'schen Radius a_1 nach Bohr und Schrödinger.

nach Bohr

$w(r)$ w_{Bohr}

Nach der Bohr'schen Theorie ist die Wahrscheinlichkeit, das Elektron im Grundzustand zu finden nur bei $r = a_1$ von Null verschieden!

nach Schrödinger $w(r)dr = \psi^2 dV$

$w(r)$

= radiale Wahrscheinlichkeitsdichte

$w(r) = 4\pi r^2 \cdot A^2\, e^{-\frac{2r}{a_1}}$ wobei $A^2 = \frac{1}{\pi a_1^3}$

$w(r)\,dr$ = Wahrscheinlichkeit, das Elektron in einer Kugelschale zwischen den Radien r und $r + dr$ zu finden.

$r = a_1$ dr r

Der Bohr'sche Radius a_1 ist quantenmechanisch identisch mit der Distanz r vom Proton, an dem $w(r)$ den maximalen Wert hat, also die **Wahrscheinlichkeit**, das Teilchen zu finden, **maximal** ist!

Mathematische Hilfsmittel: Kettenregel, Produktintegration, partielle Ableitungen

Kettenregel

Ist y eine Funktion von u und u eine Funktion von x, so bezeichnet man y als **mittelbare** Funktion von x oder als Funktion einer Funktion.

$$y = f(u) \text{ und } u = g(x) \quad \rightarrow \quad y = f\big[g(x)\big]$$

Dann ist $\quad y' = f'(u) \cdot u'$

oder $\qquad \dfrac{dy}{dx} = \dfrac{dy}{du} \cdot \dfrac{du}{dx}$

Beispiele:

$y = \sin^2 x \quad$ dann ist $\quad u = \sin x$

$y = u^2 \quad \rightarrow \quad y' = 2u \cdot u' = \mathbf{2\sin x \cdot \cos x}$

oder:

$y = (ax+b)^3 \quad$ dann ist $\quad u = ax+b$

$y = u^3 \quad \rightarrow \quad y' = 3u^2 \cdot u' = \mathbf{3(ax+b)^2 \cdot a}$

oder:

$\psi = e^{-\alpha\sqrt{x^2+a^2}}$, wobei α und a Konstanten sind

dann ist $\quad u = -\alpha\sqrt{x^2+a^2} \quad u' = \dfrac{-\alpha x}{\sqrt{x^2+a^2}}$

$\psi = e^u \quad \rightarrow \quad \psi' = e^u \cdot u'$

$$\psi' = \dfrac{-\alpha x\, e^{-\alpha\sqrt{x^2+a^2}}}{\sqrt{x^2+a^2}}$$

Produktintegration

Sind u und v Funktionen von x, so hat $y = u \cdot v$ die Ableitung

$$\frac{dy}{dx} = v \cdot u' + u \cdot v' = v \cdot \frac{du}{dx} + u \cdot \frac{dv}{dx} \quad \text{und das Differential}$$

$$dy = v \cdot u' \cdot dx + u \cdot v' \cdot dx$$

$$y = u \cdot v = \int v \cdot u' \cdot dx + \int u \cdot v' \cdot dx$$

also $\quad \int \mathbf{u \cdot v' \cdot dx = u \cdot v - \int v \cdot u' \cdot dx}$

Beispiele:

$$\int x \cos x \, dx = x \cdot \sin x - \int \sin x \, dx = \mathbf{x \sin x + \cos x + C}$$

$u = x \quad v' = \cos x$

$u' = 1 \quad v = \sin x$

Zeige durch 2 - malige Produktintegration, dass

$$\int_0^\infty x^2 e^{-\frac{2x}{a}} \, dx = \frac{a^3}{4} \quad \text{ist.}$$

$$\int_0^\infty \underbrace{x^2}_{=u} \cdot \underbrace{e^{-\frac{2x}{a}}}_{=v'} dx = \underbrace{x^2 \cdot \left(-\frac{a}{2}\right) e^{-\frac{2x}{a}}}_{=0} \Bigg|_0^\infty - \int_0^\infty 2x \left(-\frac{a}{2}\right) e^{-\frac{2x}{a}} \, dx$$

$$= a \int_0^\infty \underbrace{x}_{=u} \cdot \underbrace{e^{-\frac{2x}{a}}}_{=v'} dx = \underbrace{ax \cdot \left(-\frac{a}{2}\right) e^{-\frac{2x}{a}}}_{=0} \Bigg|_0^\infty - a \int_0^\infty \left(-\frac{a}{2}\right) e^{-\frac{2x}{a}} \, dx$$

$$= \frac{a^2}{2} \int_0^\infty e^{-\frac{2x}{a}} \, dx = \frac{a^2}{2} \left(-\frac{a}{2}\right) e^{-\frac{2x}{a}} \Bigg|_0^\infty = \mathbf{\frac{a^3}{4}}$$

Partielle Ableitungen einer Funktion mehrerer Veränderlicher

Haben wir eine Funktion $y = f(x)$ **einer** unabhängigen Veränderlichen, so ist die Ableitung

$$y' = \frac{dy}{dx} = f'(x) = \lim_{\Delta x \to 0} \frac{f(x + \Delta x) - f(x)}{\Delta x}.$$

Beispiel:

$$y = a x^2 \quad \to \quad y' = \frac{dy}{dx} = \lim_{\Delta x \to 0} \frac{a(x + \Delta x)^2 - a x^2}{\Delta x}$$

$$= \lim_{\Delta x \to 0} (2 a x + a \cdot \Delta x) = \mathbf{2 a x}$$

Anschaulich bedeutet dies die Steigung der Tangente in einem beliebigen Punkt (x/y) der Parabel $y = f(x) = a \cdot x^2$.

Wir betrachten nun Funktionen **zweier** unabhängiger Veränderlicher: $u = f(x,y)$. Die unabhängige Veränderliche y sei nun konstant, nur x ändere sich. Dann ist $\dfrac{\partial u}{\partial x} = \lim\limits_{\Delta x \to 0} \dfrac{f(x + \Delta x, y) - f(x, y)}{\Delta x}$.

Diese unter der Voraussetzung $y = $ konstant berechnete Ableitung heißt **partielle** Ableitung der Funktion u nach x.

Jetzt sei $x = $ konstant und y ändere sich. Dann ist $\dfrac{\partial u}{\partial y} = \lim\limits_{\Delta y \to 0} \dfrac{f(x, y + \Delta y) - f(x, y)}{\Delta y}$ = partielle Ableitung der Funktion u nach y.

Beispiele:

$$u = x^2 + y^2 \quad \to \quad \frac{\partial u}{\partial x} = 2 x \quad \text{und} \quad \frac{\partial u}{\partial y} = 2 y.$$

Bildet man die 2. partielle Ableitung, so erhält man

$$\frac{\partial^2 u}{\partial x^2} = 2 \quad \text{und} \quad \frac{\partial^2 u}{\partial y^2} = 2.$$

Oder entsprechend bei **drei** unabhängigen Variablen, z. B. $u(x,y,z) = 3 x y^2 z^3$ ergibt sich

$$\frac{\partial u}{\partial x} = 3 y^2 z^3 \quad \text{und} \quad \frac{\partial^2 u}{\partial x^2} = 0$$

$$\frac{\partial u}{\partial y} = 6 x y z^3 \quad \text{und} \quad \frac{\partial^2 u}{\partial y^2} = 6 x z^3$$

$$\frac{\partial u}{\partial z} = 9 x y^2 z^2 \quad \text{und} \quad \frac{\partial^2 u}{\partial z^2} = 18 x y^2 z$$

Die vier großen abgeschlossenen Bereiche der Physik

Nach Werner Heisenberg gibt es in der Physik **vier** große Systeme = Theorien, die als **abge-schlossen** zu betrachten sind (Abb. 28). Jedes dieser Systeme verfügt über eine präzis formulier-te, in sich widerspruchsfreie Axiomatik, die zugleich mit den Begriffen auch die gesetzmäßigen Bezie-hungen innerhalb des Systems festlegt. Wie Abb. 28 zeigt, stellt die **Wellen- oder Quantenmechanik** ein eigenes abgeschlossenes System dar, das die atomaren Vorgänge in allen Details beschreibt.

Zu den offenen Theorien, wo noch keine abgeschlossene Darstellungsform gefunden ist, zählt Heisenberg die Kernphysik, Elementarteilchenphysik und die allgemeine Relativitätstheorie.

Abb. 28:
Das abgeschlossene Theoriengebäude der Physik

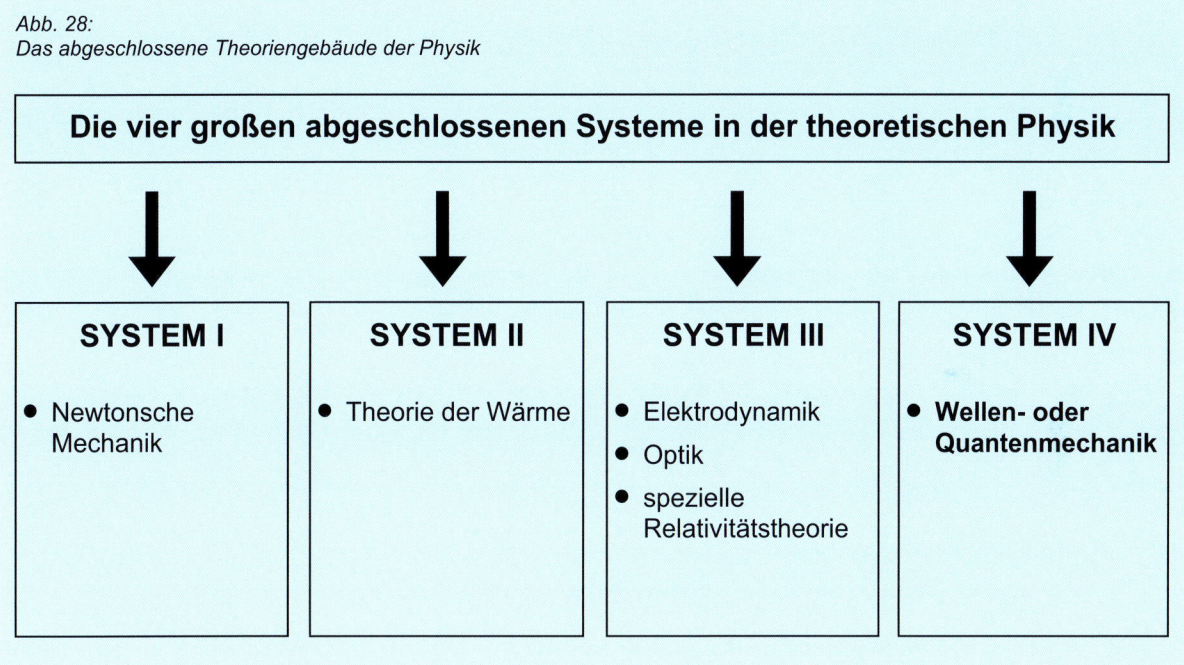

Die vier großen abgeschlossenen Systeme in der theoretischen Physik

SYSTEM I	SYSTEM II	SYSTEM III	SYSTEM IV
• Newtonsche Mechanik	• Theorie der Wärme	• Elektrodynamik • Optik • spezielle Relativitätstheorie	• **Wellen- oder Quantenmechanik**

In der Quanten- oder Wellenmechanik spielt der **Wahrscheinlichkeitsbegriff** eine ganz **zentrale und neuartige Rolle**. Zwar erwies sich schon in der statistischen Mechanik die Einführung des Begrif-fes der Wahrscheinlichkeit als sehr zweckmäßig, da man es z. B. in 1 cm^3 Luft mit mehr als 10^{19} Mole-keln zu tun hat und es völlig ausgeschlossen ist $3 \cdot 10^{19}$ Ortskoordinaten und ebensoviele Geschwindigkeitskomponenten praktisch zu handhaben. Aus diesem Grunde war es sinnvoll, nicht nach jeder Position und Geschwindigkeit der 10^{19} Molekeln zu fragen, sondern sich mit einer **weniger detaillierten Kenntnis** zufrieden zu geben und zu fragen: Wieviel Molekeln (z. B. in 1 cm^3 Luft) haben z. B. eine Geschwindigkeit zwischen 500 m/sec und 520 m/sec (allgemein zwischen v und v + dv) oder: Mit welcher Wahrscheinlichkeit hat eine Molekel die Geschwindigkeit zwischen v und v + dv. Diese Überlegungen führten bekanntlich zu dem berühmten Maxwell-Boltzmannschen Geschwindigkeitsverteilungsgesetz. Man zweifelte aber hierbei prinzipiell die **gleichzeitig** beliebig genaue Bestimmbarkeit von Ort und Geschwindigkeit einer Molekel **nicht** an.

Ganz anders in der Quantenmechanik: Hier ist es prinzipiell **nicht** möglich, den Ort und die Geschwindigkeit eines Teilchens gleichzeitig beliebig genau festzulegen, sondern nur im Rahmen der Heisenbergschen Unschärferelation $\Delta p \cdot \Delta x \approx h$. Die Interpretation der Größe $|\psi(x)|^2\, dx$ als Wahrscheinlichkeit, das Teilchen im Ortsraum dx anzutreffen bzw. die Interpretation der Größe $|\chi(p)|^2\, dp$ als Wahrscheinlichkeit, das Teilchen im Impulsraum dp anzutreffen, **erhebt den Begriff der Wahrscheinlichkeit in der Quantenmechanik zu einer prinzipiellen Bedeutung in der Erkenntnis des Naturgeschehens.**

Was heißt Fortschritt in der theoretischen Physik?

In der Physik gibt es für einen Wirklichkeitsbereich immer die **eindeutig richtige** Theorie, während alle anderen Erklärungsvorschläge versagen. Kein Physiker kommt z. B. auf den Gedanken, zur Beschreibung der Bahnen der Himmelskörper eine Alternative zur Newtonschen Mechanik vorzuschlagen. Weil in der Naturwissenschaft sich Richtiges vom Falschen scharf trennen lässt, gilt für ihre Entwicklung das **Inklusionsprinzip**: Eine tiefere oder einen größeren Wirklichkeitsbereich umfassende Theorie muss in den Teilbereichen - wo sich eine vorausgehende Theorie bereits als richtig erwiesen hat - die letztere als Spezialfall mit einschließen.

Beispiel: Die Quantenmechanik enthält als Spezialfall die klassische Newtonsche Mechanik für Vorgänge, bei denen die Plancksche Konstante h vernachlässigt werden kann ($h \to 0$) oder anders gesagt: Nach der de Broglie-Beziehung $\lambda = \dfrac{h}{p}$ ist für große p, also für makroskopische Körper, $\lambda \to 0$, und man erhält die klassische Physik.

Ein weiteres Beispiel: Die spezielle Relativitätstheorie geht in die klassische Mechanik über, wenn die auftretenden Geschwindigkeiten v klein gegenüber der Lichtgeschwindigkeit c sind ($\dfrac{v^2}{c^2} \to 0$). Daher lässt sich in der Physik auch klar definieren, was „**Fortschritt**" heißt: Entwicklung einer umfassenderen Theorie, die sowohl Neues erklärt als auch die bereits bewährten Teiltheorien als Spezialfälle mitumfasst. Das gesamte widerspruchsfreie Theoriengebäude macht dann das **naturwissenschaftliche Weltbild** aus.

TEIL 3

ORBITALMODELL UND PERIODENSYSTEM

Physik als völkerverbindende Kulturleistung

» *Teil 3 bringt einige quantenmechanische Tatsachen zum Thema **Orbitalkonzept** und **Periodensystem**, die zwar mit den mathematischen Hilfsmitteln der Schule nicht mehr entwickelt und nachvollzogen werden können, die aber für die Chemie so grundlegend sind, dass sie erwähnt werden müssen. Desweiteren wird die **Richtungsabhängigkeit der kovalenten Bindung** erläutert, die vor der Quantenmechanik ein großes Rätsel war. Das nächste Kapitel behandelt das **entartete Elektronengas** und zeigt die große Bedeutung des Pauli-Verbotes für Spin 1/2 – Teilchen. Es folgt ein **Gedankenexperiment Einsteins** und dessen Widerlegung durch Niels Bohr. Es soll dem Leser ein Gefühl dafür vermitteln, wie intensiv damals um das richtige physikalische Verständnis der Quantenmechanik gerungen wurde. Das folgende Kapitel bringt eine kurze **Biographie von Max Planck**, der am Anfang der Quantenphysik steht und das Tor in diese neue physikalische Welt aufgestoßen hat. Die Schrift schließt mit einem Ausflug in die **griechische Naturgeschichte** und mit einigen **elementaren Rechenbeispielen**. Die Quantenmechanik ist das wichtigste geistige Ereignis unserer Zeit. Heisenberg, Schrödinger, Bohr, Born, Pauli und andere haben sie geschaffen.*

Die folgenden Kapitel bringen einige quantenmechanische Tatsachen, die mit den mathematischen Hilfsmitteln der Schule zwar nicht mehr entwickelt und nachvollzogen werden können, die aber für die Chemie so grundlegend sind, dass sie erwähnt werden müssen. Wir wollen die Ergebnisse der Schrödinger-Theorie soweit vorstellen, wie sie - zusammen mit der Existenz des Elektronenspins und des Pauli-Verbotes - zum Verständnis des **Periodensystems der chemischen Elemente** notwendig sind.

Gesamtenergie des Elektrons beim H-Atom auf der n-ten Bahn nach Bohr.

Setzt man auf Seite 55 für die Hauptquantenzahl allgemein n = 1,2,3 … an, so ergibt sich nach der alten Bohr'schen Theorie für den dazugehörigen Radius a_n des H-Atoms:

$$a_n = \frac{\varepsilon_0 h^2}{\pi m e^2} \cdot n^2 = a_1 n^2 .$$ Für die Gesamtenergie des Elektrons auf der n-ten Bohr'schen Bahn folgt

$$E_n = -\frac{1}{8} \frac{m e^4}{\varepsilon_0^2 h^2} \cdot \frac{1}{n^2} = \frac{E_1}{n^2} = \frac{-13,6 \, eV}{n^2} .$$

Mit dem Bohr'schen Modell ließ sich zum ersten Mal das Wasserstoffspektrum deuten: Beim Übergang des Elektrons von der Bahn mit der Hauptquantenzahl m auf die kernnähere Bahn mit der Hauptquantenzahl n wird die Energiedifferenz ΔE als Lichtquant $h \cdot \nu$ abgegeben. In Formeln:

$$\Delta E = E_m - E_n = h \cdot \nu = -\frac{1}{8} \frac{m e^4}{\varepsilon_0^2 h^2} \cdot \frac{1}{m^2} + \frac{1}{8} \frac{m e^4}{\varepsilon_0^2 h^2} \cdot \frac{1}{n^2} = 13,6 \, eV \left(\frac{1}{n^2} - \frac{1}{m^2} \right) \quad und \quad m > n .$$

Für $n = 2$ und $m = 3, 4, 5$ … ergibt sich die berühmte **Balmer-Serie**, die im sichtbaren Bereich liegt.

Die Balmer-Serie lässt sich schön bei einer **Glimmentladung in Wasserstoff** beobachten. Nach Zerschlagung der H_2-Molekeln in H-Atome entstehen hier die verschiedensten Anregungszustände der Wasserstoffatome, die alle das Bestreben haben, in den Grundzustand zurückzukehren. Dabei werden bei der großen Zahl der Atome einige Milliarden von der 3. Bahn auf die 2. Bahn, andere Milliarden von der 4. Bahn auf die 2. Bahn, wieder andere von der 3. Bahn auf die 1. Bahn usw. springen. Es entstehen dabei verschiedene Spektralserien, wobei nur die Balmer-Serie (alle Sprünge auf $n = 2$) im sichtbaren Bereich liegt.

Eine weitere Möglichkeit, die diskreten Energiestufen des Atoms experimentell zu untersuchen, bietet der **Franck-Hertz-Versuch** (1913): In einer mit Quecksilberdampf gefüllten Triode wurden Elektronen beschleunigt. Zwischen den Elektronen und den Hg-Atomen fanden zunächst elastische Stöße ohne merklichen Energieaustausch statt. Bei der Elektronenenergie von 4,9 eV jedoch erfolgten die Stöße **unelastisch**, die Elektronen gaben ihre Energie in Quanten von 4,9 eV an die Hg-Atome ab. Mit dem Spektrographen fanden J. Franck und G. Hertz die durch diesen Elektronenstoß angeregte ultraviolette Spektrallinie λ = 2537 Å des Hg-Atoms gemäß der Relation **h · ν = 4,9 eV**.

Energieeigenwerte E_n und Eigenfunktionen $\psi_{n\ell m}$ beim H-Atom nach Schrödinger

Abb. 29 zeigt das Potential $V(r)$ für das System Proton-Elektron.

Abb. 29:
Die potentielle Energie im Fall der Anziehung.
Das Energiespektrum ist für E > 0 kontinuierlich und besteht für E < 0 aus einzelnen Niveaus E_1, E_2, E_3, ... E_n.
E_1 = -13,6 eV ist die Ionisierungsenergie.

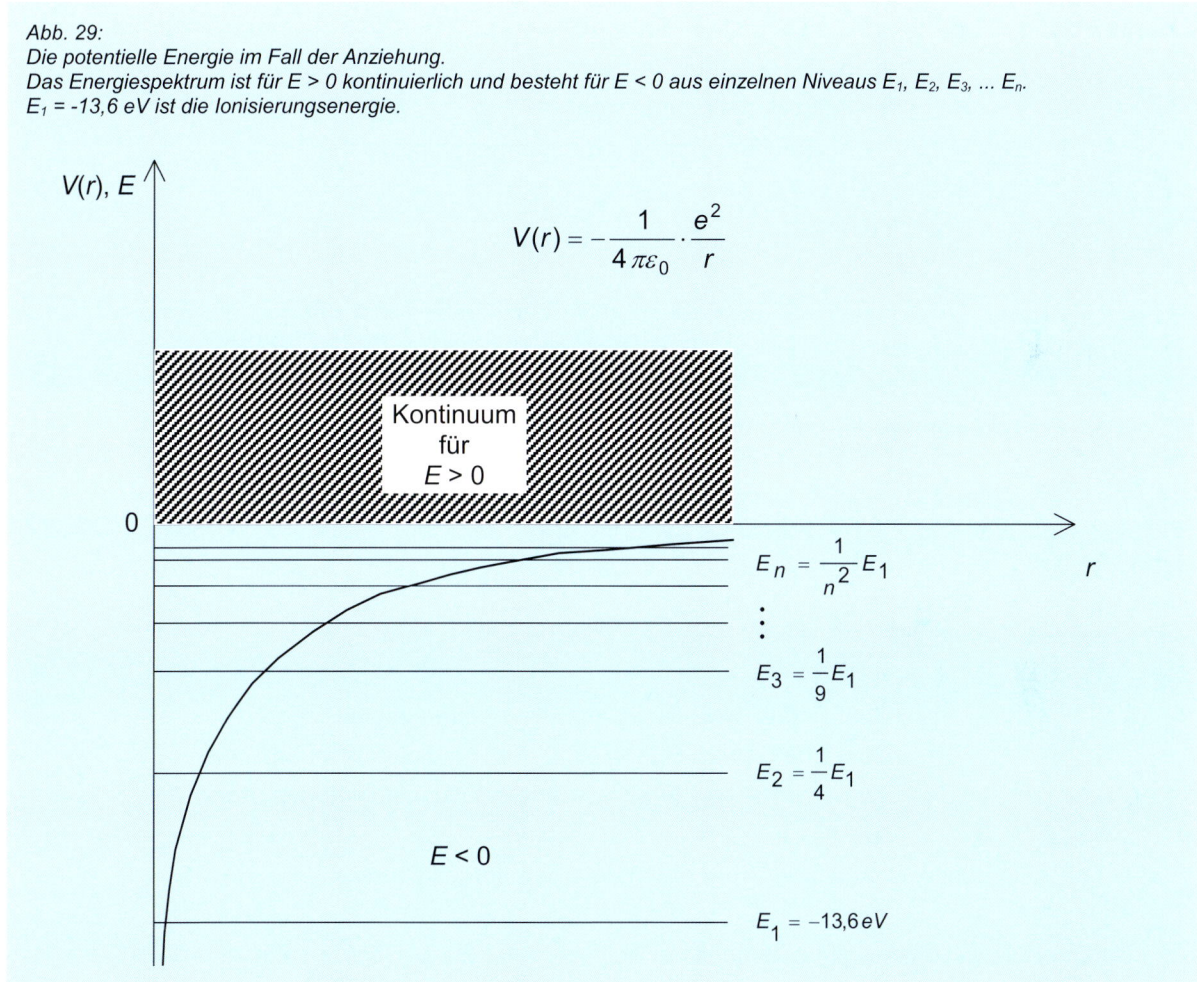

Der mathematische Formalismus zeigt: Die diskreten Energieeigenwerte E_1, E_2, E_3, ... E_n folgen aus der Randbedingung des Verschwindens der Lösungsfunktionen im Unendlichen (Physik: Teilchen soll sich in der Nähe des Kerns aufhalten).

Als diskrete Energieeigenwerte E_n ergeben sich aus der Schrödinger - Gleichung **dieselben Werte** wie nach der alten Bohr'schen Theorie:

$$E_n = -\frac{1}{8}\frac{m e^4}{\varepsilon_0^2 h^2}\cdot\frac{1}{n^2} = \frac{E_1}{n^2} = \frac{-13,6\,eV}{n^2} \quad \text{wobei} \quad n = 1, 2, 3 \dots$$

Weiterhin zeigt die Lösung der Schrödinger-Gleichung:

Zu jedem Energieeigenwert E_n gehören n^2 Lösungsfunktionen $\psi_{n\ell m}$, die sich durch drei Quantenzahlen n, ℓ, m charakterisieren lassen.

n heißt Hauptquantenzahl

ℓ heißt Nebenquantenzahl

m heißt Orientierungs- oder Magnetquantenzahl.

Bei gegebenem n nimmt ℓ die Werte an:

ℓ = 0, 1, 2, ... n - 1   und m nimmt die Werte an:

$m = -\ell, -\ell+1, ... 0, ...\ell - 1, \ell$

Zu jedem Energieeigenwert E_n gehören also

$$\sum_{\ell=0}^{n-1}(2\ell+1) = 1+3+5+7+.....(2n-1) = n^2$$

verschiedene Eigenfunktionen, es liegt eine (n^2 - 1) fache Entartung vor:

Zum Energiewert E_1 gibt es 1^2 = 1 Lösungsfunktion

Zum Energiewert E_2 gibt es 2^2 = 4 Lösungsfunktionen

Zum Energiewert E_3 gibt es 3^2 = 9 Lösungsfunktionen usw.

Auf der nächsten Seite ist dies für n = 1, 2 und 3 detailliert aufgeschlüsselt.

Beispiel: Beweise, dass die arithmetische Reihe s_n = 1 + 3 + 5 + 7 + ... + (2n - 1) = n^2 ist.

Dazu schreiben wir die Reihe s_n in umgekehrter Reihenfolge auf und addieren gliedweise:

s_n =   1   +   3   +   5   + ... + (2n -1 -2) + (2n - 1)

s_n = (2n -1) + (2n - 1 -2) + (2n - 1 - 2 -2) + ... +   3   +   1

$2s_n$ = 2n   +   2n   +   2n   + ... +   2n   +   2n

$2s_n$ = 2n · n

$s_n = n^2$

E_4, E_5 ..... E_n seien nicht mehr betrachtet.

$$\Psi_{n\ell m}$$

Bezeichnungsweise
s, p, d, ... Zustände

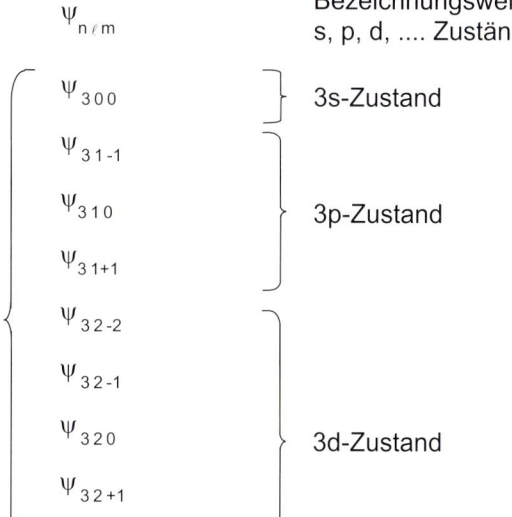

2. angeregter Zustand $E_3 = \dfrac{1}{9}E_1$

Hier gibt es 9 Eigenfunktionen,

es liegt 8-fache Entartung vor.

Ψ_{300} — 3s-Zustand

Ψ_{31-1}
Ψ_{310} — 3p-Zustand
Ψ_{31+1}

Ψ_{32-2}
Ψ_{32-1}
Ψ_{320} — 3d-Zustand
Ψ_{32+1}
Ψ_{32+2}

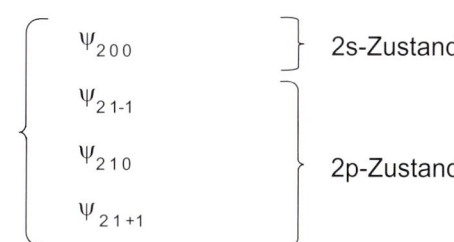

1. angeregter Zustand $E_2 = \dfrac{1}{4}E_1$

Hier gibt es 4 Eigenfunktionen,

es liegt 3-fache Entartung vor.

Ψ_{200} — 2s-Zustand

Ψ_{21-1}
Ψ_{210} — 2p-Zustand
Ψ_{21+1}

Grundzustand $E_1 = -\dfrac{1}{8}\dfrac{m\,e^4}{\varepsilon_0^2\,h^2}\cdot\dfrac{1}{1^2}$

Ψ_{100} — 1s-Zustand

Zu diesem Eigenwert gehört

genau **eine** Eigenfunktion,

es liegt 0-fache Entartung vor.

Definition: Der Zustand mit $\ell = 0$ heißt s-Zustand (in der Chemie auch: **s-Orbital**)

Der Zustand mit $\ell = 1$ heißt p-Zustand (in der Chemie auch: **p-Orbital**)

Der Zustand mit $\ell = 2$ heißt d-Zustand (in der Chemie auch: **d-Orbital**)

Der Zustand mit $\ell = 3$ heißt f-Zustand (in der Chemie auch: **f-Orbital**)

Die Bedeutung der Quantenzahlen n, ℓ, m

Jeder durch ein Tripel von Quantenzahlen n, ℓ, m bestimmte Zustand stellt einen Eigenzustand dreier **gleichzeitig messbarer Größen** dar: **Der Energie E_n, des Quadrats des Drehimpulses L^2 und der z-Komponente des Drehimpulses L_z**. Alle diese Größen besitzen im Zustand $\psi_{n\,\ell\,m}$ bestimmte Werte, und zwar:

$$E_n = -\frac{1}{8}\frac{me^4}{\varepsilon_0^2 h^2} \cdot \frac{1}{n^2} \qquad\qquad n = 1, 2, 3 \dots$$

$$L^2 = \ell(\ell+1)\frac{h^2}{4\pi^2} = \ell(\ell+1) \cdot \hbar^2 \qquad\qquad \ell = 0, 1, 2 \dots n-1$$

$$L_z = m\frac{h}{2\pi} = m \cdot \hbar \qquad\qquad m = -\ell, -\ell+1, \dots 0, \dots +\ell-1, +\ell$$

Die drei Größen E_n, L^2 und L_z bestimmen vollkommen die $\psi_{n\,\ell\,m}$

Hauptquantenzahl	n	legt	Energieniveau fest.
Nebenquantenzahl	ℓ	legt	Größe des Drehimpulses fest.
Orientierungs- oder Magnetquantenzahl	m	legt	Größe der z-Komponente des Drehimpulses fest. (Vorgegebene Richtung im Raum z. B. bei Magnetfeld $\vec{B}$)

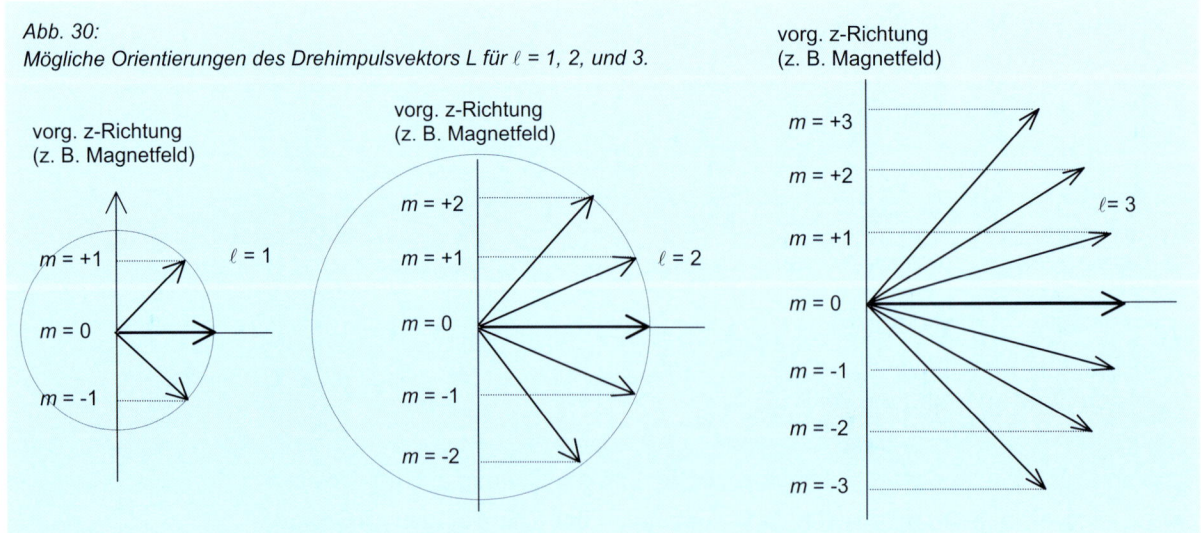

Abb. 30:
Mögliche Orientierungen des Drehimpulsvektors L für ℓ = 1, 2, und 3.

So wird z. B. in einem Magnetfeld die sog. „m-Entartung" aufgehoben, d. h. die Energie hängt dann von der Drehimpulsrichtung in bezug auf das Feld ab.

Die **diskreten Winkel** zwischen Drehimpuls L und z-Achse (sog. Richtungsquantelung) ergeben sich nach Abb. 30: $\cos \vartheta = \dfrac{L_z}{L} = \dfrac{m \cdot \hbar}{\sqrt{\ell(\ell+1)} \cdot \hbar} = \dfrac{m}{\sqrt{\ell(\ell+1)}}$. Für $\ell = 3$ ist z. B. der kleinstmögliche Winkel durch $m = \ell = 3$ festgelegt, d. h. $\cos \vartheta_{min.} = \dfrac{3}{\sqrt{3 \cdot 4}} = \dfrac{3}{2 \cdot \sqrt{3}} = \dfrac{1}{2}\sqrt{3} \rightarrow \vartheta_{min.} = 30°$. Die anderen Winkel lauten: $\vartheta_2 = 54,7°$ $\vartheta_3 = 73,2°$ $\vartheta_4 = 90°$ $\vartheta_5 = 106,8°$ $\vartheta_6 = 125,3°$ und $\vartheta_7 = 150°$. Für $\ell \rightarrow \infty$ geht $\cos \vartheta_{min.} = \ell \big/ \sqrt{\ell(\ell+1)} \rightarrow 1$, d. h. $\vartheta_{min.} = 0°$, die **Richtungsquantelung verschwindet**, was dem Verhalten in der **klassischen Physik** entspricht (z. B. hat ein makroskopischer Körper wie eine Schallplatte mit dem Trägheitsmoment $\Theta = 10^{-3}$ kg m^2 und der Drehfrequenz $\nu = 1/T = \omega/2\pi = 33,3$ U/min. die Nebenquantenzahl $\ell \approx 3,3 \cdot 10^{31}$, da gilt: $\sqrt{\ell(\ell+1)} \cdot \hbar = L = \Theta \cdot \omega$. Für große ℓ ist die 1 unter der Wurzel zu vernachlässigen. Daher folgt $\ell \approx \Theta \cdot \omega / \hbar = 3,3 \cdot 10^{31}$).

Die s-Orbitale ψ_{100}, ψ_{200}, ψ_{300}

Im Folgenden wollen wir den 1s-, 2s- und 3s-Zustand des Elektrons besprechen. Dazu ist es zweckmäßig, Polarkoordinaten zu verwenden, d. h. ein Raumpunkt P wird durch den Radius r und die Winkel ϑ und φ festgelegt (Abb. 31).

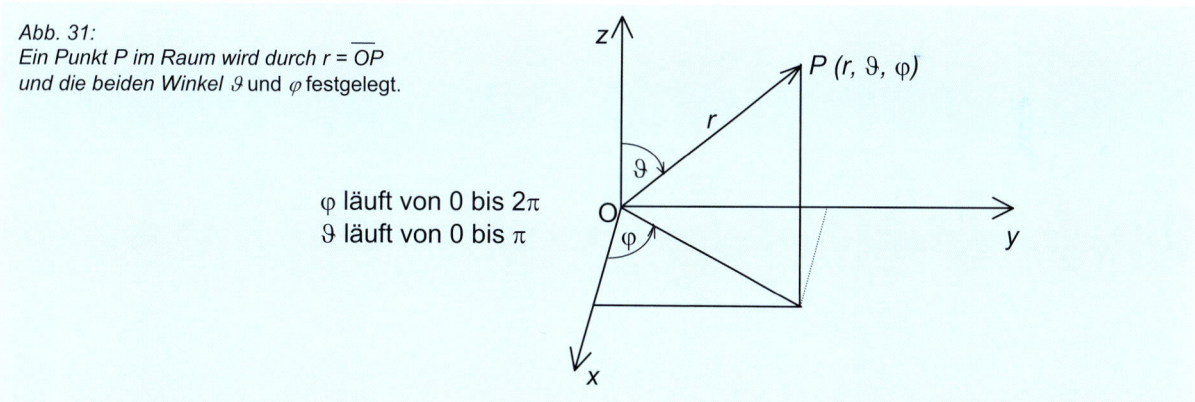

Abb. 31:
Ein Punkt P im Raum wird durch $r = \overline{OP}$ und die beiden Winkel ϑ und φ festgelegt.

φ läuft von 0 bis 2π
ϑ läuft von 0 bis π

Die s-Zustände des Elektrons für n = 1, 2, 3 ...... sind alle **kugelsymmetrisch**, d. h. sie hängen nur von r ab. Diese Zustände haben ψ-Funktionen, die das Vorzeichen mehrmals mit wachsendem r ändern können. Es gibt n - 1 sphärische Knotenflächen, also Orte, wo ψ durch Null geht. Die ψ-Funktionen lauten (die Normierungsfaktoren spielen hier keine Rolle):

$$\psi_{100} \sim e^{-\frac{r}{a_1}}$$

$$\psi_{200} \sim \left(1 - \frac{r}{2a_1}\right) e^{-\frac{r}{2a_1}}$$

$$\psi_{300} \sim \left(1 - \frac{2r}{3a_1} + \frac{2r^2}{27a_1^2}\right) e^{-\frac{r}{3a_1}}$$

(keine Nullstelle)   (1 Nullstelle bei $r = 2a_1$)   (2 Nullstellen bei $r = 7,1a_1$ und $r = 1,9a_1$)

Diese ψ-Funktionen sollen noch grob skizziert werden.

Abb. 32:
Ungefähre Skizzen der 1 s- , 2 s- und 3 s-Zustände. Der schraffierte Bereich zeigt, wo ψ_{100}, ψ_{200}, ψ_{300} groß sind.

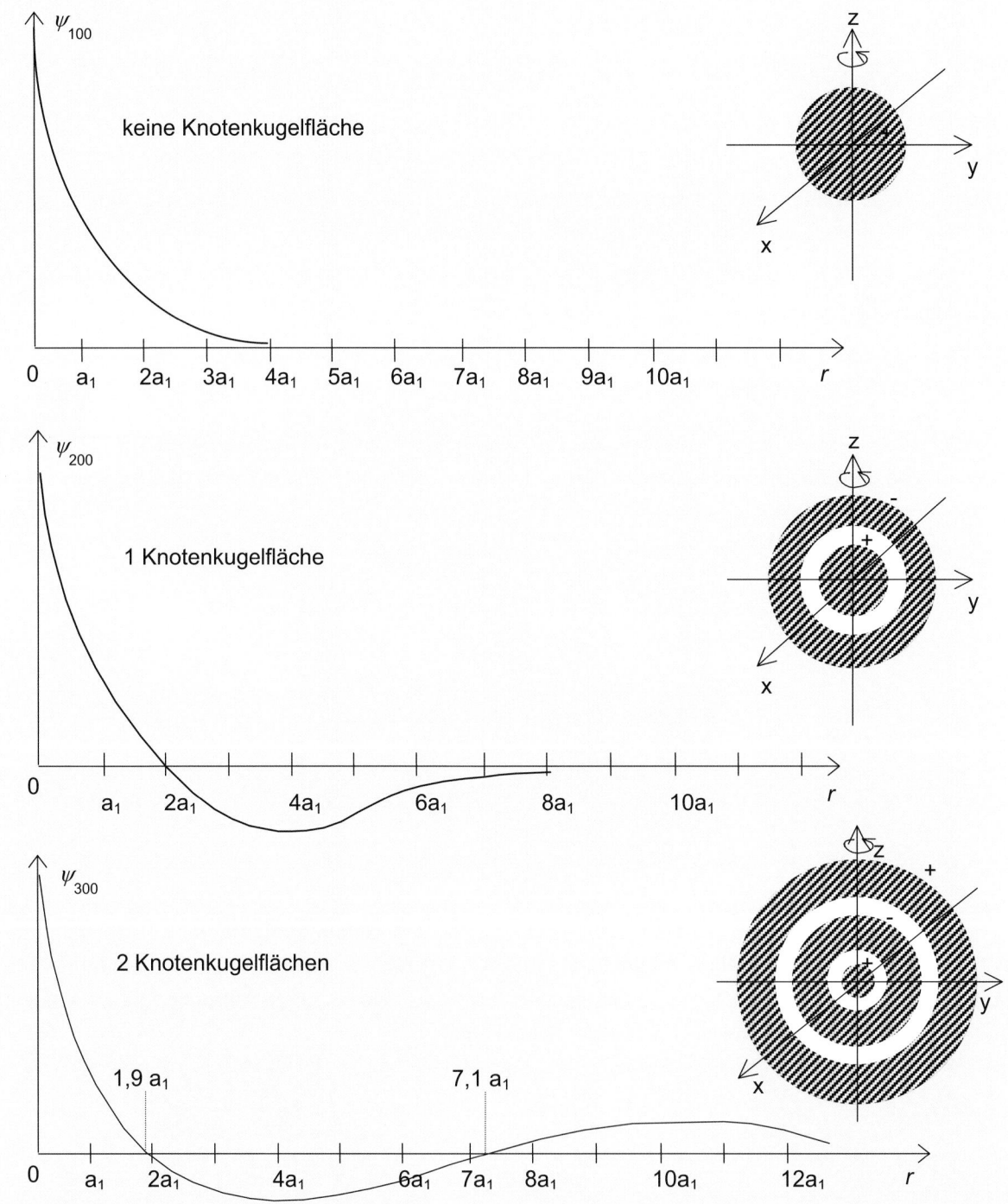

Beispiel: Die normierte Eigenfunktion für den 2s-Zustand des Elektrons heißt

$$\psi_{200} = \frac{1}{\sqrt{8\pi a_1^3}}\left(1-\frac{r}{2a_1}\right)e^{-\frac{r}{2a_1}}$$

Berechne die radiale Wahrscheinlichkeitsdichte $w(r)$ und diskutiere den Kurvenverlauf.

Die radiale Wahrscheinlichkeitsdichte $w(r)$ lautet:

$$w(r) = 4\pi r^2 |\psi_{200}|^2 = B\cdot r^2 \left(1-\frac{r}{2a_1}\right)^2 e^{-\frac{r}{a_1}} = B\left(r-\frac{r^2}{2a_1}\right)^2 e^{-\frac{r}{a_1}}$$

$$\frac{dw(r)}{dr} = Be^{-\frac{r}{a_1}}2\left(r-\frac{r^2}{2a_1}\right)\left(1-\frac{r}{a_1}\right)+B\left(r-\frac{r^2}{2a_1}\right)^2 e^{-\frac{r}{a_1}}\left(-\frac{1}{a_1}\right)=0$$

$$r\left(1-\frac{r}{2a_1}\right)\left[2-\frac{2r}{a_1}-\frac{r}{a_1}+\frac{r^2}{2a_1^2}\right]=0$$

$$\mathbf{r=0}\quad\text{und}\quad\mathbf{r=2a_1}\quad\longrightarrow\quad\text{Minima und Nullstellen}$$

$$2-\frac{3r}{a_1}+\frac{r^2}{2a_1^2}=0$$

$$r^2-6a_1r=-4a_1^2\quad\longrightarrow\quad(r-3a_1)^2=5a_1^2$$

$$r_1=3a_1+\sqrt{5}\,a_1=\mathbf{5{,}24\,a_1}=\text{Maximum}$$

$$r_2=3a_1-\sqrt{5}\,a_1=\mathbf{0{,}76\,a_1}=\text{Maximum}$$

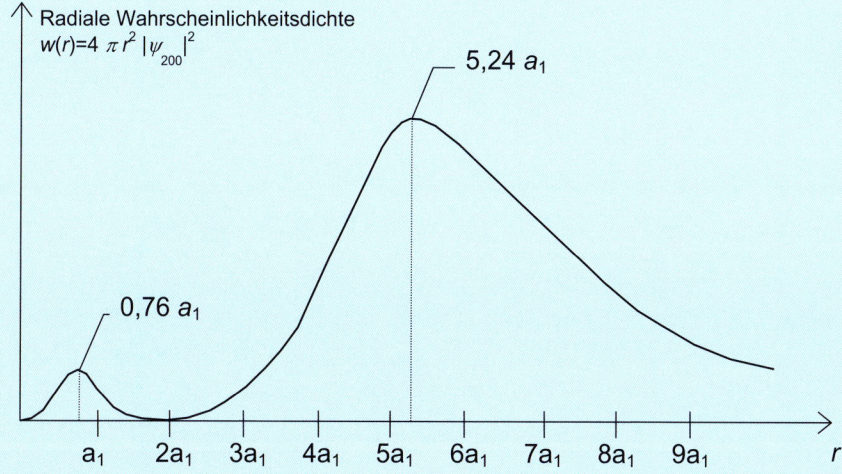

Abb. 33:
Radiale Wahrscheinlichkeitsdichte des 2s-Elektrons. Die Wahrscheinlichkeit, das 2s-Elektron in der inneren Kugel (zwischen 0 und 2a₁) zu finden beträgt nur 5%, während die Wahrscheinlichkeit, es in dem äußeren Kugelbereich (zwischen 2a₁ und ∝) zu finden bei 95% liegt.

Radiale Wahrscheinlichkeitsdichte
$w(r)=4\pi r^2 |\psi_{200}|^2$

$5{,}24\,a_1$

$0{,}76\,a_1$

$a_1\quad 2a_1\quad 3a_1\quad 4a_1\quad 5a_1\quad 6a_1\quad 7a_1\quad 8a_1\quad 9a_1\qquad r$

Die 2p-Orbitale $\psi_{21\text{-}1}$, ψ_{210}, ψ_{211}

Während die s-Orbitale kugelsymmetrisch sind, weisen die p-Orbitale eine **Winkelabhängigkeit** auf. Sie spielen daher bei der Deutung der Richtungsabhängigkeit der kovalenten Bindung - z. B. beim H_2O-Molekel - eine große Rolle. Abb. 34 zeigt die 2 p-Orbitale des H-Atoms nach Schrödinger.

Abb. 34:
Rohe Skizzen der 2p-Orbitale. Die 2p-Orbitale liegen bevorzugt in der x, y und z-Achse. Schraffierte Gebiete = Bereiche mit großer ψ-Amplitude

$$\psi_{21\text{-}1} \sim r\, e^{-\frac{r}{2a_1}} \sin\vartheta \cdot \sin\varphi$$

Für $\vartheta = 0°$ und $180°$ und

$\varphi = 0°$ und $180°$ ist $\psi_{21\text{-}1} = 0$

Die x - z - Ebene stellt also eine Knotenebene dar.

Für $r = 2a_1$ und $\varphi = 90°, 270°$

und $\vartheta = 90°$ liegt ein Maximum vor.

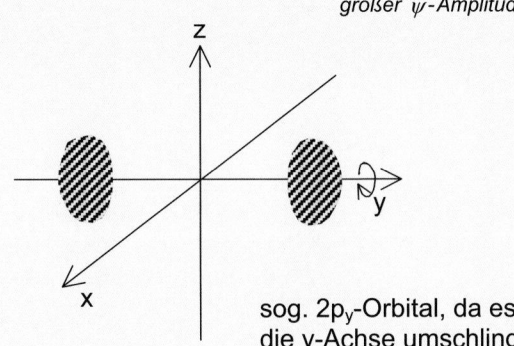

sog. 2p$_y$-Orbital, da es die y-Achse umschlingt!

$$\psi_{210} \sim r\, e^{-\frac{r}{2a_1}} \cos\vartheta$$

Für $\vartheta = 90°$ verschwindet ψ_{210}

x - y - Ebene = Knotenfläche

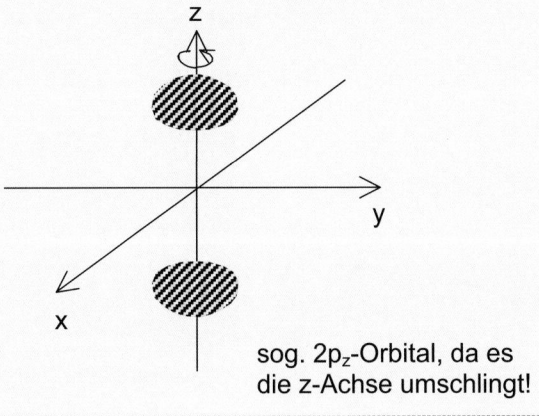

sog. 2p$_z$-Orbital, da es die z-Achse umschlingt!

$$\psi_{21+1} \sim r\, e^{-\frac{r}{2a_1}} \sin\vartheta \cdot \cos\varphi$$

Knotenebene ist y - z - Ebene

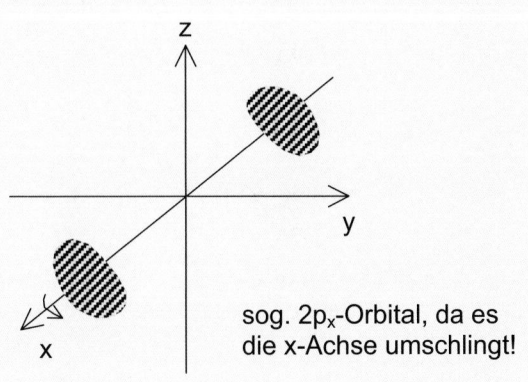

sog. 2p$_x$-Orbital, da es die x-Achse umschlingt!

In ähnlicher Weise wie für das Wasserstoffatom lassen sich Orbitale auch für Atome mit mehreren Elektronen berechnen. Beim Vorhandensein von vielen Elektronen führt die **gegenseitige Wechselwirkung** zu sehr komplizierten Sachverhalten. Gleichwohl hat es sich gezeigt, dass man das beim H-Atom gewonnene Orbitalkonzept als Näherung auch auf die übrigen Atome übertragen kann. Da die Elektronen eines Atoms **nicht unterscheidbar** sind, können sie den Orbitalen und Energieniveaus nicht einzeln, sondern nur der Anzahl nach zugeordnet werden. Die Wechselwirkung der einzelnen Elektronen eines Atoms untereinander führt vor allem dazu, dass die im H-Atom noch energiegleichen s, p, d und f-Orbitale derselben Hauptquantenzahl in **verschiedene Energiewerte** aufspalten.

Der Elektronenspin

Eine Reihe von experimentellen Erfahrungen - z. B. das Na-Dublett mit den Spektrallinien bei 5895,93 Å und 5889,95 Å - haben gezeigt, dass die drei Quantenzahlen n, ℓ, m zur Beschreibung des Elektronenzustandes nicht ausreichen. 1925 entdeckten die holländischen Physiker Uhlenbeck und Goudsmit, dass dem Elektron ein mechanischer **Eigendrehimpuls (sog. Spin)** zuzuordnen ist. **Die Komponente des Spins in einer beliebigen z-Richtung kann nur zwei Werte** $+\frac{1}{2}\hbar$ **oder** $-\frac{1}{2}\hbar$ **annehmen.** Damit werden die Quantenzahlen n, ℓ, m durch eine vierte Quantenzahl m_s ergänzt:

Der Spin s in einer beliebigen z-Richtung (z. B. Magnetfeld) hat die Werte

$$s_z = +\frac{1}{2}\frac{h}{2\pi} = +\frac{1}{2}\hbar \quad (\text{"spin up"})$$

$$s_z = -\frac{1}{2}\frac{h}{2\pi} = -\frac{1}{2}\hbar \quad (\text{"spin down"})$$

$$s^2 = |m_s|\left(|m_s|+1\right)\cdot\hbar^2 = \frac{1}{2}\cdot\frac{3}{2}\hbar^2 = \frac{3}{4}\hbar^2$$

oder $s_z = m_s \cdot \hbar$

wobei $m_s = \pm\frac{1}{2}$

m_s heißt Spinquantenzahl.

Die Quantenzahl m_s muss in die Schrödinger-Theorie künstlich eingeführt werden, es soll aber erwähnt werden, dass die **relativistische Theorie von Dirac** den Elektronenspin automatisch enthält. Damit erhält das Elektron **Kreiseleigenschaften** und dem mechanischen Eigendrehimpuls des Elektrons ist ein magnetisches Feld (magnetisches Moment) zuzuordnen. Teilchen mit Spin $s_z = \pm\frac{1}{2}\hbar$ werden als Fermi-Teilchen bezeichnet.

Damit erklärt sich das **Na-Dublett**: Führt man dem Na-Atom Energie zu, so kann das äußere „Leuchtelektron" vom 3s- in den 3p-Zustand übergehen. Durch den Bahndrehimpuls ($\ell = 1$) erzeugt das 3p-Elektron ein inneres Magnetfeld und je nach der Orientierung des Spins („spin up" oder „spin down") zu diesem Magnetfeld spaltet der 3p-Zustand in **zwei** Zustände mit etwas verschiedenen Energien auf (**Spin-Bahn-Wechselwirkung**). Beim **Elektronenübergang 3p → 3s** bilden sich daher die zwei eng benachbarten Spektrallinien $D_1 = 5890$ Å und $D_2 = 5896$ Å.

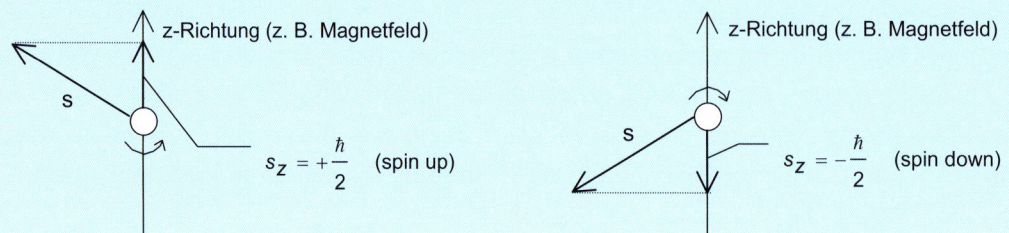

Abb.35:
Eine Reihe von experimentellen Tatsachen führen zu der Annahme des Elektronenspins: So beobachteten Otto Stern und Walther Gerlach die Aufspaltung eines Wasserstoffatomstrahles in einem Magnetfeld in genau zwei Teile. Dies lässt sich nur deuten, wenn man dem Elektron einen eigenen Drehimpuls oder Drall und damit auch ein magnetisches Moment zuordnet.

Das Elektron hat also die folgenden Eigenschaften: es besitzt eine elektrische Ladung e, eine Masse m, den Eigendrehimpuls (Spin) $s = \sqrt{\frac{1}{2}\left(\frac{1}{2}+1\right)}\,\hbar = \frac{\sqrt{3}}{2}\,\hbar$ und ein magnetisches Moment.

Das Pauli-Verbot

Wolfgang Pauli entdeckte 1925 eine merkwürdige Tatsache, die als „Pauli-Verbot" oder „Pauliprinzip" (im Englischen: exclusion principle) in die Physik eingegangen ist:

In einem Atom müssen sich die Elektronen mindestens in einer der vier Quantenzahlen n, ℓ, m, m_s unterscheiden. Oder:

Es darf in einem Atom keine Elektronen geben, die in allen vier Quantenzahlen übereinstimmen.

Wir haben bereits erwähnt, dass bei einem Mehrelektronensystem durch die Wechselwirkung der einzelnen Elektronen die s, p, d und f-Orbitale derselben Hauptquantenzahl in **verschiedene Energieniveaus** aufspalten. Zu der Hauptquantenzahl n gehören n^2 verschiedene Eigenfunktionen $\psi_{n\ell m}$. Die Einführung des Elektronenspins **verdoppelt** die Zahl der möglichen Zustände auf **$2n^2$**.

Bei einer bestimmten Hauptquantenzahl n liegt das Maximum der radialen Wahrscheinlichkeitsdichte aller zu dieser Hauptquantenzahl gehörenden Elektronen in einem bestimmten Entfernungsbereich vom Atomkern. Man kann deshalb die Elektronen mit gleicher Hauptquantenzahl zu einer **Schale** zusammenfassen. Damit ergibt sich folgende Tabelle:

Hauptquantenzahl n	maximale Zahl der verschiedenen Zustände: $2n^2$ verschiedene $\psi_{n\ell m m_s}$	
n = 1 (sog. K-Schale)	$2 \cdot 1^2$	= 2
n = 2 (sog. L-Schale)	$2 \cdot 2^2$	= 8
n = 3 (sog. M-Schale)	$2 \cdot 3^2$	= 18
n = 4 (sog. N-Schale) usw.	$2 \cdot 4^2$	= 32

Jedes Orbital kann also doppelt besetzt werden $(\uparrow\downarrow)$. Jetzt können wir den Aufbau des Periodensystems der chemischen Elemente verstehen, dem wir uns nun zuwenden.

Der Aufbau des Periodensystems der chemischen Elemente

Abb. 36 zeigt die Zuordnung der Elektronen auf die entsprechenden Orbitale für die Elemente Wasserstoff bis Argon. Jedes Kästchen steht für ein Orbital, die Elektronen werden durch Pfeile symbolisiert; entgegengesetzte Richtung der Pfeile bedeutet entgegengesetzte Spins. Orbitale mit gleicher Haupt- und Nebenquantenzahl werden als zusammenhängende Kästchen geschrieben.

Für das Kohlenstoffatom wären zwei Elektronenkonfigurationen denkbar: außer der in Abb. 36 dargestellten auch eine Konfiguration mit einem doppelt besetzten 2p-Orbital. Jedoch muss hier die **Regel von Hund** beachtet werden, die besagt: Orbitale gleicher Haupt- und Nebenquantenzahl werden zunächst **einfach** besetzt. Die drei 2p-Orbitale werden also zuerst nur mit je einem Elektron besetzt. Diese „ungepaarten" Elektronen haben untereinander parallelen Spin. Erst das vierte Elektron führt - beim Sauerstoffatom - zu einer Doppelbesetzung im 2p-Niveau. Nach Pauling wird die Elektronenkonfigura-

Abb. 36:
Elektronenkonfiguration in der Pauling-Schreibweise für die Atome Wasserstoff bis Argon.

Atom	1s (K)	2s (L)	2p (L)	3s (M)	3p (M)	3d (M)
H	↑					
He	↑↓					
Li	↑↓	↑				
Be	↑↓	↑↓				
B	↑↓	↑↓	↑			
C	↑↓	↑↓	↑ ↑			
N	↑↓	↑↓	↑ ↑ ↑			
O	↑↓	↑↓	↑↓ ↑ ↑			
F	↑↓	↑↓	↑↓ ↑↓ ↑			
Ne	↑↓	↑↓	↑↓ ↑↓ ↑↓			
Na	↑↓	↑↓	↑↓ ↑↓ ↑↓	↑		
Mg	↑↓	↑↓	↑↓ ↑↓ ↑↓	↑↓		
Al	↑↓	↑↓	↑↓ ↑↓ ↑↓	↑↓	↑	
Si	↑↓	↑↓	↑↓ ↑↓ ↑↓	↑↓	↑ ↑	
P	↑↓	↑↓	↑↓ ↑↓ ↑↓	↑↓	↑ ↑ ↑	
S	↑↓	↑↓	↑↓ ↑↓ ↑↓	↑↓	↑↓ ↑ ↑	
Cl	↑↓	↑↓	↑↓ ↑↓ ↑↓	↑↓	↑↓ ↑↓ ↑	
Ar	↑↓	↑↓	↑↓ ↑↓ ↑↓	↑↓	↑↓ ↑↓ ↑↓	

tion beschrieben, indem die Anzahl der Elektronen als Hochzahl den entsprechenden s-, p-, d- ..... Zuständen angefügt wird, z. B. für Argon: $1s^2\ 2s^2\ 2p^6\ 3s^2\ 3p^6$.

Bei He ist die K-Schale voll besetzt. Bei Ne ist die L-Schale voll besetzt. Beide Elemente sind daher Edelgase. Bei Argon (Ar) sind die 3s- und 3p-Orbitale der M-Schale voll besetzt. Fügen wir dem Argonatom ein weiteres Elektron hinzu, so erhalten wir das Kalium. Aber jetzt tritt eine **Besonderheit** auf: Das hinzugefügte Elektron geht **nicht** in den 3d-Zustand der M-Schale, sondern wir müssen das Kaliumelektron im Zustand $n = 4$, $\ell = 0$ unterbringen und eine neue Schale (die sog. N-Schale) beginnen, ohne die M-Schale abgeschlossen zu haben. Der Grund dafür liegt darin, dass der 4s-Zustand eine **geringere** Energie besitzt als der 3d-Zustand. Dies lässt sich verstehen, wenn man die Wechselwirkung der Elektronen untereinander berücksichtigt.

Die chemischen Eigenschaften eines Elementes werden durch die **äußere Elektronenkonfiguration** (Valenzelektronen) bestimmt. So haben alle Alkalimetalle (Li, Na, K, Rb, Cs) die Außenkonfiguration ns^1 oder alle Halogenatome (F, Cl, Br, J) die Außenkonfiguration ns^2np^5. Anders gesagt: Chemisch einander ähnliche Elemente haben die gleiche Anzahl von Valenzelektronen.

Der weitere Aufbau des Periodensystems soll hier nicht weiter besprochen werden. Wir wollen festhalten: Das Periodensystem der chemischen Elemente lässt sich durch die folgenden drei Tatsachen verstehen:

- **Pauli-Verbot:** Zwei Elektronen in einem Atom dürfen nicht in allen vier Quantenzahlen n, ℓ, m, m_s übereinstimmen. Daraus ergibt sich die maximale Besetzung der K-, L-, M- ... Schale zu $2n^2$.

- **Regel von Hund:** Elektronen besetzen eine „Untergruppe" erst einzeln, danach erst erfolgt die „paarige" Einordnung der Elektronen.

- **Energie des ganzen Elektronensystems soll möglichst ein Minimum werden:**

    Daraus folgt, dass neue Schalen von Elektronen besetzt werden, ohne dass die vorherigen ganz aufgefüllt sind. Beim Kaliumatom z. B. sieht die Elektronenkonfiguration so aus:

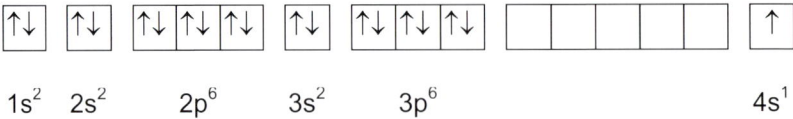

$$1s^2 \quad 2s^2 \qquad 2p^6 \qquad 3s^2 \qquad 3p^6 \qquad\qquad\qquad\qquad 4s^1$$

Die Erklärung des Aufbaus des Periodensystems der chemischen Elemente ist ein beeindruckender Erfolg der Quantenmechanik.

Die Richtungsabhängigkeit der kovalenten Bindung war lange Zeit unverstanden geblieben und erst die Quantenmechanik gestattete ein prinzipielles Verständnis dieses Phänomens. Während bei einer Ionenbindung, z. B. NaCl, keine Raumrichtung bevorzugt ist, vielmehr die elektrostatischen Kräfte gleichmäßig nach **allen** Seiten wirken, haben in einer kovalenten Bindung die von einem Atom ausgehenden Kräfte **starre räumliche Richtungen**. An Hand der Reihe H_2O, H_2S, H_2Se und H_2Te soll dies erläutert werden. Zunächst stellen wir mit Linus Pauling (1901-1994) fest:

Von zwei Orbitalen bildet derjenige die festere Bindung, der den Orbital des Partners mehr überlappt.

s-s-Bindung, s-p-Bindung und p-p-Bindung sind verschieden stark

Beim Wasserstoff kommt für eine Bindung nur der 1s-Orbital, bei den Atomen der ersten Achterperiode nur der 2s-Orbital und die drei 2p-Orbitale in Frage usw. Der s-Orbital ist vom Winkel gänzlich unabhängig. Anders ist es bei den p-Orbitalen. Halten wir r konstant, so wird die $\psi_{n\ell m}$-Funktion bei Annäherung an die Symmetrieachse des Orbitals größer und erreicht dort den höchsten Wert. Dieser Höchstwert der $\psi_{n\ell m}$-Funktion des p-Orbitals ist das $\sqrt{3}$-fache des Wertes der s-Funktion an der gleichen Stelle und zwar gilt dies für jedes r. **Entlang der Symmetrieachse ist die p-Funktion überall $\sqrt{3}$-mal so „groß" wie die s-Funktion der gleichen Schale**.

Dies hat eine wichtige Konsequenz. Da beide Orbitale in etwa gleicher Weise von *r* abhängen, können die p-Orbitale den Orbital eines Bindungspartners **wirksamer** überlappen als der s-Orbital der gleichen Schale. Bindungen mit p-Orbitalen sind darum allgemein stärker als Bindungen mit s-Orbitalen der gleichen Schale. Rechnungen haben gezeigt, dass die Energie einer s-p-Bindung etwa $\sqrt{3}$-mal, die einer p-p-Bindung 3 mal so groß ist wie bei einer s-s-Bindung.

Die p-Orbitale stehen senkrecht aufeinander

Da die p-Orbitale **senkrecht** aufeinander stehen, ist zu vermuten, dass die p-Bindungen auch bevorzugt senkrecht aufeinander stehen. Dies wird in der Tat vom Experiment bestätigt:

Substanz	Bindungswinkel (gemessen)
H_2O = HOH	$104{,}45° \pm 0{,}10°$
H_2S = HSH	$92{,}20° \pm 0{,}10$
H_2Se = HSeH	$91{,}0° \pm 1°$
H_2Te = HTeH	$89{,}5° \pm 1°$

Beim Wasser beträgt der Bindungswinkel 104,5°. Dass der Bindungswinkel um 14,5° größer ist als erwartet, beruht auf dem partiellen Ionencharakter der O-H-Bindung. Das Sauerstoffatom zieht die Elektronen etwas näher an sich, dieses wird also leicht negativ und die beiden Wasserstoffatome leicht positiv. Das Wassermolekül besitzt also ein **Dipolmoment**. Die leicht positiv geladenen H-Atome stoßen einander ab und dies vergrößert den Bindungswinkel von 90° auf etwa 105° (Abb. 37). Beim H_2S, H_2Se und H_2Te wird wegen des immer größer werdenden Zentralatoms dieser Abstoßungseffekt immer geringer und man erhält in der Tat nahezu 90°. Wir wollen dies noch etwas präziser betrachten: Die Elektronenkonfiguration des Sauerstoffatoms lässt sich nach Linus Pauling so darstellen:

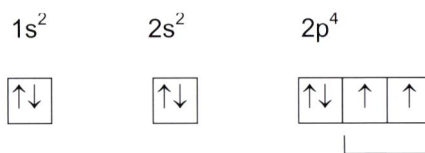

$1s^2$ $2s^2$ $2p^4$

Zu besetzende p-Orbitale, stehen senkrecht aufeinander. Nach der Hundschen Regel besetzen die Elektronen eine „Untergruppe" erst einzeln, danach erfolgt erst die **paarige** Einordnung der Elektronen.

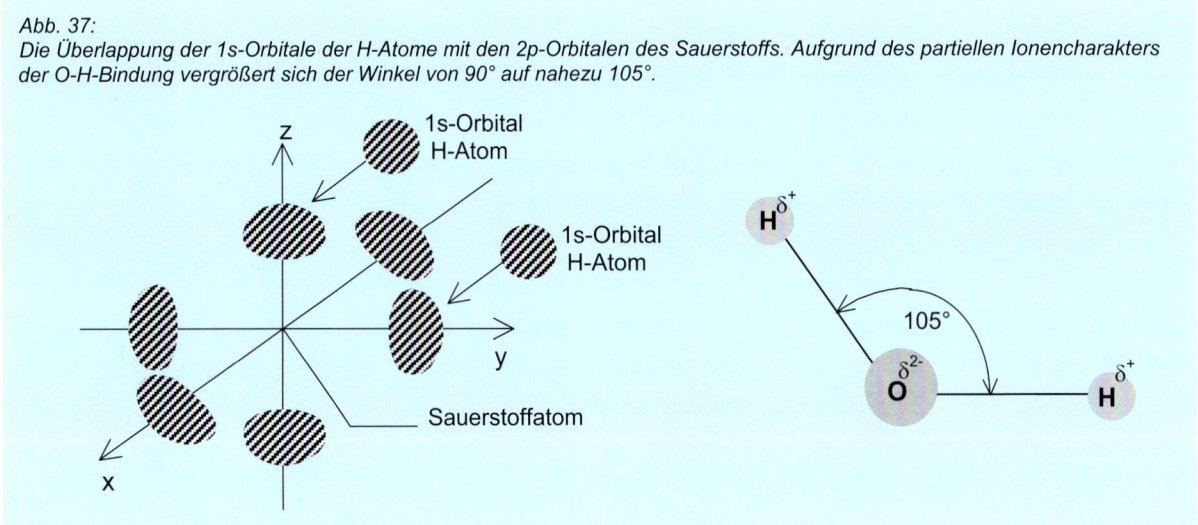

Abb. 37:
Die Überlappung der 1s-Orbitale der H-Atome mit den 2p-Orbitalen des Sauerstoffs. Aufgrund des partiellen Ionencharakters der O-H-Bindung vergrößert sich der Winkel von 90° auf nahezu 105°.

Die Sonderstellung des Wassers in der Natur

Das Wasser (H_2O) hat einen anomal hohen Siedepunkt, ein anomal hohes Lösungsvermögen, eine anomal hohe Dielektrizitätskonstante ($\varepsilon = 81$) und zeigt ein anomales Verhalten beim Gefrieren (die Wasserdichte hat bei 4°C ihren höchsten Wert - daraus folgt: Zufrieren der Seen und Flüsse von „oben her", dadurch wird das biologische Leben im Wasser geschützt und ermöglicht). Alle diese Eigenschaften begründen die herausragende Bedeutung des Wassers in der Natur und sind die Folge davon, dass H_2O eine **gewinkelte Struktur** und ein **Dipolmoment** hat. Der anomal hohe Siedepunkt (eigentlich sollte Wasser bei -80°C und nicht bei 100°C sieden!) ist z. B. dadurch begründet, dass sich infolge der Dipolnatur der Wassermoleküle im flüssigen Zustand zwei bis sechs H_2O-Molekeln zu Aggregaten zusammenlagern (Assoziation von Wassermolekeln).

Abschließend weisen wir noch einmal auf die Bedeutung des Pauli-Verbotes hin.

Die Bedeutung des Pauli-Verbotes für den Aufbau unserer Welt

1925 hat Wolfgang Pauli sein berühmtes Ausschließungsprinzip (im Englischen: exclusion principle) entdeckt. Das Pauliprinzip - es ist verboten, dass innerhalb eines Atoms zwei Elektronen dieselben vier Quantenzahlen n, ℓ, m, s_z aufweisen - reicht weit über den Bereich der Theorie der Atomspektren hinaus und ist für den Aufbau der Materie überhaupt entscheidend.

Elektronen, Protonen oder Neutronen haben den halbzahligen Spin $\frac{1}{2}\hbar$, sie sind sogenannte **Fermi-Teilchen** und unterliegen dem Pauli-Verbot. Lichtquanten z. B. sind sogenannte **Bose-Teilchen** und haben den ganzzahligen Spin $\hbar$ und unterliegen **nicht** dem Pauli-Verbot.

Wären die Grundbausteine unserer Materie wie Elektronen, Protonen und Neutronen keine Fermi-Teilchen, sondern Bose-Teilchen, so sähe unsere Welt **ganz anders** aus (Abb. 38).

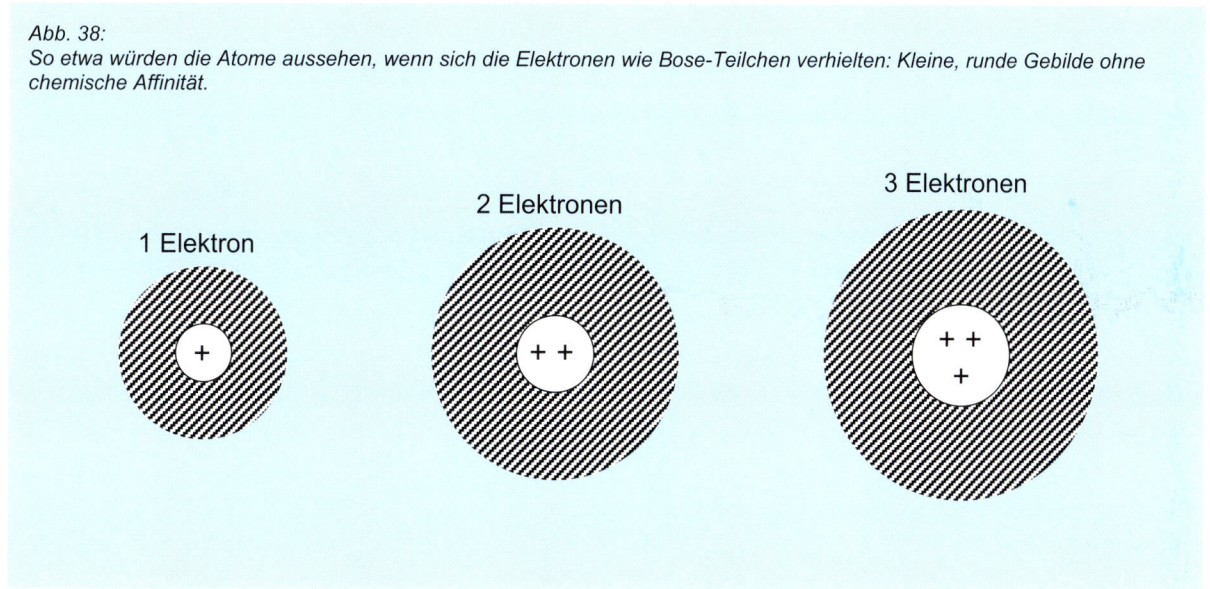

Abb. 38:
So etwa würden die Atome aussehen, wenn sich die Elektronen wie Bose-Teilchen verhielten: Kleine, runde Gebilde ohne chemische Affinität.

1 Elektron

2 Elektronen

3 Elektronen

Wären die Elektronen Bose-Teilchen und damit nicht dem Pauli-Verbot unterworfen, so wären alle Atome mehr oder weniger gleich: Kleine, runde Gebilde, bei denen all die Elektronen dicht beim Kern sitzen würden. Es gäbe keine Fähigkeit, die verschiedensten chemischen Bindungen einzugehen, es gäbe überhaupt nichts Kompliziertes und keine Vielfalt in unserer Welt. Warum sind e, p, n gerade Fermi-Teilchen? Wir wissen es nicht. Wir können uns nur darüber wundern, dass die Elementarteilchen der Materie durch den Spin $\frac{1}{2}\hbar$ und das Pauli-Verbot dergestalt **latent schöpferisch** ausgestattet sind, dass sie unsere komplexe Welt aufbauen können.

E in weiteres, wichtiges Beispiel für die große Bedeutung des Pauli-Verbotes ist das Verhalten der Leitungselektronen in Metallen, das ganz im Gegensatz zur klassischen Physik steht.

Seit langem wusste man, dass Metalle den elektrischen Strom gut leiten. P. Drude und H. A. Lorentz entwickelten die Vorstellung, dass die Leitungselektronen in einem Metall sich mehr oder weniger **frei** wie ein Gas (Elektronengas) durch die Anordnung der positiven Metallionen bewegen. Dabei steuert jedes Metallatom etwa ein Elektron zum Elektronengas bei. Metalle sind ja chemisch dadurch gekennzeichnet, dass sie leicht ihre Valenzelektronen abgeben.

Kein Beitrag zur spezifischen Wärme

Das thermische Gleichgewicht kommt durch Stöße des Elektronengases mit den Metallionen zustande und sollte dem Energie-Gleichverteilungssatz der klassischen Physik unterliegen. Dieses Modell konnte eine Reihe experimenteller Tatsachen deuten, **versagte aber vollständig** bei der Deutung der spezifischen Wärme C_v von Metallen. Für die spezifische Wärme bei Metallen gilt das **Dulong-Petitsche Gesetz**: Die Metallionen können in den 3 Raumrichtungen schwingen, eine eindimensionale Schwingung hat 2 Freiheitsgrade, d. h. es ergeben sich 6 Freiheitsgrade. Nach dem Gleichverteilungssatz der klassischen Thermodynamik gilt für jeden Freiheitsgrad $C_v = R/2 \approx 1 \, \dfrac{cal}{Grad \cdot mol \cdot Freiheitsgrad}$.

1 Mol Metallionen hat daher eine spezifische Wärme $C_v = 3R \approx 6 \, \dfrac{cal}{°C \cdot mol}$. Durch das freie Elektronengas sollten aber zu diesem Wert noch **drei weitere Freiheitsgrade der Translation** hinzukommen, also sollte die spezifische Molwärme bei Metallen insgesamt $C_v = 3R + 3R/2 = 9R/2$ betragen. Dies widersprach nun vollständig dem Experiment. Metalle befolgen bei nicht zu tiefen Temperaturen die Dulong-Petitsche Regel: $C_v = 3R$. Der Beitrag des Elektronengases zur spezifischen Wärme ist **verschwindend gering**. Man stand vor einem Rätsel. Erst die Quantenmechanik brachte die Lösung.

Energieverteilung des Elektronengases in Metallen bei T = 0 °K

Am absoluten Nullpunkt (T = 0°K) sollte nach der klassischen Physik die kinetische Energie der freien Leitungselektronen im Metall gleich Null sein. Pauli-Verbot + Energiequantelung führen hier aber zu einem **ganz anderen** Ergebnis. Dazu betrachten wir N Elektronen des Elektronengases, die sich im Inneren des Metalleiters aufhalten. Wechselwirkungen zwischen den Gitterionen und den Elektronen werden vernachlässigt. Die Leitungselektronen können das Metall nicht verlassen, d. h. an den Grenzflächen des Metalls ist das Potential sehr hoch. Wir können also die Verhältnisse stark vereinfacht durch das **Modell des eindimensionalen Potentialtopfes mit unendlich hohen Wänden** beschreiben. In Kap. VI fanden wir für die diskreten Energiewerte:

$E_n = n^2 E_1$ wobei n = 1, 2, 3.... und $E_1 = \dfrac{h^2}{8m\ell^2}$

Dabei bedeuten ℓ = Breite des Potentialtopfes, E_1 = Energie des niedrigsten Zustandes. Wir wollen nun die N Leitungselektronen in dem Potentialtopf unterbringen. Dabei müssen wir das **Pauli-Verbot** beachten. Jedes Energieniveau kann nur zwei Elektronen mit entgegengesetzten Spins aufnehmen.

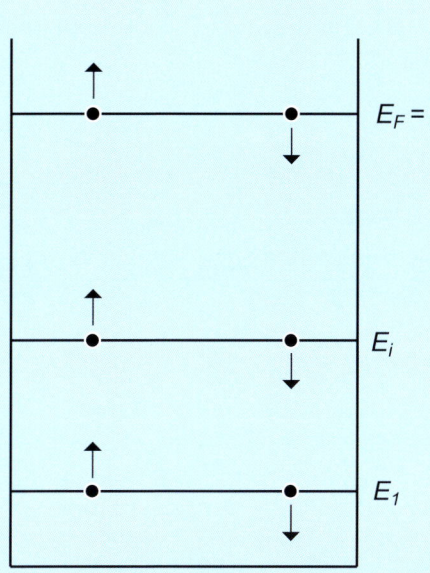

$E_F = E_{\frac{N}{2}}$

E_i

E_1

Abb. 39:
Energieverteilung von N Leitungselektronen bei 0 °K in Metallen. Nach der klassichen Physik sollten diese Elektronen alle die kinetische Energie Null haben. Energiequantelung und Pauli-Verbot führen aber dazu, dass die Leitungselektronen auch beim absoluten Nullpunkt einen beachtlichen Energieinhalt haben (Entartung des Elektronengases).

Die Energie des höchsten besetzten Zustands - also für n = N/2 - bezeichnet man als **Fermi-Energie am absoluten Temperaturnullpunkt E_F** (Abb. 39).

Für n = N/2 ergibt sich nach Abb. 39 die Fermi-Energie $E_F = \left(\dfrac{N}{2}\right)^2 E_1 = \dfrac{h^2}{32m}\left(\dfrac{N}{\ell}\right)^2$

Die mittlere Energie pro Elektron beträgt $\overline{E} = \dfrac{2E_1 + 2E_2 + ...2E_n}{N} = \dfrac{2E_1}{N}\left(1 + 4 + ...n^2\right)$

Aus der Mathematik ist bekannt: $1^2 + 2^2 + ... + n^2 = \dfrac{n}{6}(n+1)(2n+1) = \dfrac{n}{6}\left(2n^2 + 3n + 1\right) \approx \dfrac{n^3}{3}$ für sehr große n.

$\overline{E} = \dfrac{2E_1}{N} \cdot \dfrac{n^3}{3}$ für $n = \dfrac{N}{2}$

$= \dfrac{2E_1}{N} \cdot \dfrac{1}{3} \cdot \dfrac{N^3}{8} = \dfrac{1}{3} \cdot E_1 \cdot \left(\dfrac{N}{2}\right)^2 = \dfrac{1}{3}\mathbf{E_F}$

E_F und $\overline{\overline{E}}$ sind umso größer, je kleiner m (z. B. Elektronen) und je größer die Teilchendichte N/ℓ ist.

Elektronen mit Spin 1/2 $\hbar$ sind Fermi-Teilchen und unterliegen dem Pauli-Verbot. **Daher müssen mit zunehmender Elektronenkonzentration auch bei verschwindender Temperatur immer höhere Energieniveaus besetzt werden.** Wären die Elektronen Bose-Teilchen = Teilchen mit ganzzahligem Spin wie es die Photonen oder Mesonen sind, dann unterlägen sie **nicht** dem Pauli-Verbot und könnten alle auf dem untersten Energieniveau untergebracht werden. Fermionen haben also eine **ganz andere** Energieverteilung wie Bosonen. 10 nicht wechselwirkende Bosonen in unserem Potentialtopf haben im Grundzustand die Gesamtenergie $E = 10\,E_1$, während 10 Fermionen die Gesamtenergie $E = 2E_1(1 + 4 + 9 + 16 + 25) = 110E_1$ haben.

Beispiel: Wende das eindimensionale Modell auf metallisches Kupfer an. Die molare Masse von Kupfer beträgt 63,5 g · mol^{-1} und seine Dichte ist 8,93 g/cm^3.

a) Berechne die Elektronendichte (die Anzahl freier Elektronen pro Volumen) in Kupfer

b) die Fermi-Energie E_F von Kupfer

c) die mittlere Energie $\overline{\overline{E}}$ der Elektronen

d) welcher Temperatur T entspräche diese mittlere Energie, wenn die Elektronen einer Maxwell-Boltzmann-Verteilung gehorchten?

Nimmt man an, dass jedes Kupferatom mit einem Elektron zum Elektronengas beiträgt, dann ist die Anzahldichte der Elektronen gleich der Anzahldichte der Kupferatome.

8,93 g Kupfer entspricht einer Stoffmenge von $\dfrac{8,93\ g}{63,5\ g \cdot mol^{-1}}$ = 0,1406 mol.

1 mol enthält L = 6,02 · 10^{23} Teilchen. In 8,93 g bzw. 1 cm^3 Kupfer befinden sich also L · 0,1406 = 6,02 · 10^{23} · 0,1406 = 8,46 · 10^{22} freie Leitungselektronen. Die Anzahldichte N/ℓ der Leitungselektronen in einer Dimension ist dann

$$\sqrt[3]{8,46 \cdot 10^{22} \cdot cm^{-3}} = \sqrt[3]{84,6} \cdot 10^7\, cm^{-1} = 4,39 \cdot 10^7\, cm^{-1}$$

= 4,39 nm^{-1}   ($1nm = 10^{-9}\, m = 10^{-7}\, cm$)

Damit ergibt sich für die Fermi-Energie $E_F = \dfrac{h^2}{32m}\left(\dfrac{4,39}{10^{-9}}\right)^2$ Joule

$$= \frac{\left(6,625 \cdot 10^{-34}\right)^2 4,39^2}{32 \cdot 9,1 \cdot 10^{-31} \cdot 10^{-18}} \cdot \frac{10^{19}}{1,6}\, eV \qquad \left(1 Joule = \frac{10^{19}}{1,6}\, eV\right)$$

$$= \frac{43,89 \cdot 10^{-68} \cdot 19,27 \cdot 10^{19}}{465,92 \cdot 10^{-49}}\, eV = \mathbf{1,82eV}$$

Die mittlere Energie pro Elektron beträgt $\overline{E}$ = 1/3 E_F ≈ **0,6 eV**

Nach der Maxwell-Boltzmann-Verteilung ist die mittlere kinetische Energie eines Elektrons in einer Dimension $\overline{E}_{kin}$ = kT/2.

Nach T aufgelöst: $T = \dfrac{2\overline{E}_{kin}}{k}$ k = Boltzmann - Konstante

$$= \frac{R}{L} = 1{,}38 \cdot 10^{-23} \, Joule \cdot {}^\circ K^{-1}$$

$$T = \frac{2 \cdot 0{,}6 \cdot 1{,}6 \cdot 10^{-19} \, Joule \, {}^\circ K}{1{,}38 \cdot 10^{-23} \, Joule} = \frac{1{,}92}{1{,}38} \cdot 10^4 \, {}^\circ K \approx \mathbf{14\,000 \, {}^\circ K}$$

Die Temperatur, die der Fermi-Energie von 1,82 eV klassisch entspricht, beträgt
T = 14 000 °K!

Infolge der Quantengesetze (Energiequantelung + Pauli-Verbot) besitzen also - im Gegensatz zur klassischen Physik - die Leitungselektronen im Metall schon am absoluten Nullpunkt eine kinetische Energie von solcher Größe, wie sie klassisch nur bei Temperaturen von einigen 10^4 °K möglich wäre! Nach Fermi (1901-1954) spricht man von einer **Entartung des Elektronengases**.

Dies erklärt, warum Leitungselektronen (= Fermi-Elektronengas) im Gegensatz zur klassischen Erwartung nur sehr wenig zur spezifischen Wärme des Metalls beitragen, obwohl sie als freie Teilchen anzusehen sind: **Ihre Nullpunktsenergie ist bereits schon so hoch, dass geringe Temperaturänderungen keine wesentliche Änderung der Energieverteilung der Elektronen bewirken.**

Man kann allgemein zeigen: Ob Elektronen bei Zimmertemperatur entartet sind oder nicht, hängt davon ab, ob ihre Konzentration größer oder kleiner als 10^{24} m^{-3} ist. Für Metalle liegt die Konzentration der Leitungselektronen (Elektronengas) weit darüber. Daher sind sie bei Zimmertemperatur entartet und tragen praktisch nichts zur spezifischen Wärme der Metallionen bei.

Das entartete Elektronengas spielt auch in der **Astrophysik** eine bedeutsame Rolle: In bestimmten Sternen, den sog. **Weißen Zwergen**, haben die thermonuklearen Reaktionen aufgehört, somit gibt es keinen nach außen gerichteten Druck mehr. Wegen des nach innen gerichteten Gravitationsdruckes kollabiert der Stern so lange, bis die Elektronen sich aufgrund des Pauli-Verbotes einander nicht weiter nähern können. Es ist der **Druck des entarteten Elektronengases**, der den Gravitationsdruck ausgleicht und eine weitere Kontraktion verhindert.

Die Aufklärung dieser Zusammenhänge zählt zu den großen Erfolgen der Quantenmechanik.

Zwischen **Niels Bohr** (1885 -1962) und **Albert Einstein** (1879 -1955) kam es vom Herbst 1927 an zu einer erkenntnistheoretischen Diskussion, bei der es um die Interpretation der Quantenmechanik und die Frage nach der **physikalischen Wirklichkeit** ging. Dieser spannende historisch-wissenschaftliche Klärungsprozess, dessen Ergebnis die sogenannte **Kopenhagener Deutung der Quantenmechanik** war, soll kurz erwähnt werden, um dem Leser ein Gefühl zu vermitteln, wie intensiv damals um die geistige Durchdringung der neuartigen Theorie gerungen wurde.

Abb. 40:
Niels Bohr und Albert Einstein auf einem Spaziergang 1930 in Brüssel.

- 1885 Am 7. Oktober wird Niels Bohr in Kopenhagen geboren.
- 1903 Bohr beginnt mit dem Studium der Physik, Mathematik und Philosophie an der Kopenhagener Universität.
- 1911 Doktorarbeit zur Elektronentheorie der Metalle; im September geht Bohr nach Cambridge; im November lernt er Ernest Rutherford kennen.
- 1912 Bohr wechselt nach Manchester zu Rutherford und heiratet in Kopenhagen Margarethe Norlund, mit der er fünf Söhne hat.
- 1913 Bohr entwickelt sein berühmtes Atommodell und erklärt die Stabilität der Atome mit dem Quantenpostulat.
- 1916 Bohr wird Professor für theoretische Physik in Kopenhagen.
- 1917 Bohr formuliert das Korrespondenzprinzip.
- 1922 Bohr und Einstein (rückwirkend für 1921) erhalten den Nobelpreis für Physik. Bohr lernt in Göttingen Heisenberg kennen.
- 1927 Kopenhagener Deutung der Quantentheorie. Im Oktober beginnt in Brüssel die Einstein-Bohr-Debatte.
- 1935 Bohr entwickelt die Vorstellung des Compoundkerns.
- 1939 Bohr arbeitet mit Wheeler eine Theorie der Kernspaltung aus.
- 1955 Bohr übernimmt den Vorsitz der Dänischen Atomenergiekommission.
- 1962 Am 18. November stirbt Bohr in Kopenhagen.

Niels Bohr erhielt 30 mal den Ehrendoktortitel.

„Der liebe Gott würfelt nicht"

Einstein hatte mitgeholfen, die Quanten**theorie** auf die Beine zu stellen. Als diese sich aber zu einer Quanten**mechanik** entwickelte, die **statistisch** gedeutet wurde, missbilligte er die Richtung, in die sein Kind lief. Die Gleichungen und Formeln der klassischen Physik enthielten Größen, die es wirklich gab, eine Strecke etwa, eine Masse oder eine Geschwindigkeit. Auch die Quantentheorie wurde mit Größen formuliert, die tatsächlich vorhanden waren, Ladungen etwa, Frequenzen oder Wellenlängen. In der Quantenmechanik aber tauchte jetzt eine Wahrscheinlichkeitsfunktion $\psi(x)$ auf, die eine zentrale Rolle spielte, und **nicht mehr direkt physikalisch interpretierbar** war. Erst das $\left|\psi(x)\right|^2 dx$ ergab die Wahrscheinlichkeit, ein Elektron im Bereich dx zu finden. Die physikalischen Gesetze der Quantenwelt legen nur diese Wahrscheinlichkeiten fest. So bleibt die Bewegung eines einzelnen Teilchens, etwa bei einem Streuvorgang, **unvorhersehbar**, und es lässt sich lediglich eine **statistische Aussage** darüber machen, welche Richtungsverteilung eine große Zahl nacheinander am gleichen Hindernis gestreuter Teilchen besitzen wird.

Einstein war nicht bereit, diesen grundsätzlich statistischen Charakter der Quantenmechanik als endgültig zu akzeptieren. Dies schien ihm nicht „der wahre Jakob zu sein". Natürlich hatte er nichts dagegen, Wahrscheinlichkeitsaussagen dort zu machen, wo man das betreffende System nicht in allen Bestimmungsstücken genau kennt. Auf solchen Aussagen beruhte ja die statistische Mechanik. Einstein wollte es aber nicht zulassen, dass es grundsätzlich unmöglich sein sollte, alle für eine vollständige Determinierung der Vorgänge notwendigen Bestimmungsstücke zu kennen. „Der liebe Gott würfelt nicht" war eine beliebte Redewendung von ihm.

Daher war Einstein überzeugt, dass in der Quantenmechanik Widersprüche stecken müssten. Diese versuchte er durch sogenannte **Gedankenexperimente** aufzudecken. Ein Gedankenexperiment beschreibt eine Situation, über die man gut nachdenken kann und im Prinzip physikalisch möglich, aber technisch-experimentell schwer zu realisieren ist. Ziel der Einsteinschen Gedankenexperimente war es, die Heisenbergschen Unbestimmtheitsrelationen zu unterlaufen und sie ad absurdum zu führen. In der Tat, gäbe es ein einziges Experiment, das die Unbestimmtheitsrelationen zu Fall brächte, so würde das gesamte Theoriengebäude der Quantenmechanik zusammenbrechen.

Seine ersten Einwände trug Einstein im Herbst 1927 in Brüssel vor, wo sich die hervorragendsten Physiker in unregelmäßigen Abständen auf den sogenannten Solvay-Konferenzen im Hotel Metropol trafen. Dazu eine Schilderung Heisenbergs:

„Die Auseinandersetzungen begannen meist schon am frühen Morgen damit, dass Einstein uns zum Frühstück ein neues Gedankenexperiment erklärte, das nach seiner Ansicht die Unbestimmtheitsrela-tionen widerlegte. Wir begannen natürlich sofort mit der Analyse, und auf dem Weg zum Konferenz-raum, auf dem ich Bohr und Einstein meist begleitete, wurde eine erste Klärung der Fragestellung und

der Behauptung erreicht. Es wurden dann im Laufe des Tages viele Gespräche darüber geführt, und in der Regel war es am Abend so weit, dass Niels Bohr bei der gemeinsamen Mahlzeit Einstein beweisen konnte, dass auch das von ihm vorgeschlagene Experiment nicht zu einer Umgehung der Unbestimmtheitsrelationen führen könnte. Einstein war dann etwas beunruhigt, aber schon am nächsten Morgen hatte er beim Frühstück ein neues Gedankenexperiment bereit, komplizierter als das vorhergehende, das nun die Ungültigkeit der Unbestimmtheitsrelationen demonstrieren sollte. Diesem Versuch erging es freilich am Abend nicht besser als dem ersten...."

Das Photon im Kasten

Ein auf der Solvay-Konferenz vorgetragenes Gedankenexperiment Einsteins wollen wir jetzt besprechen. Mit diesem Gedankenversuch wollte Einstein die Unschärferelation $\Delta E \cdot \Delta t \approx h$ außer Kraft setzen. Einstein dachte sich einen Kasten, in dem sich Photonen befinden. Auf der einen Seite befindet sich ein kleines Loch, das durch einen Schieber geöffnet und geschlossen werden kann. Dieser Schieber wird von einer Uhr aktiviert, die sich innerhalb des Kastens befindet (Abb. 41). Sie ist so eingestellt, dass die Öffnung gerade so lange freigegeben wird, dass ein einzelnes Photon nach außen entkommen kann. Nun kann man den Kasten vor und nach der Schieberbewegung wiegen und so die Masse des Photons bestimmen. Nach Einsteins Gleichung $E = m\,c^2$ kennt man dann auch seine Energie. In diesem Versuch - so behauptete Einstein - gibt es **keine Beschränkung der Genauigkeit**, mit der man die Energie des Photons und den Zeitpunkt der Schieberöffnung gleichzeitig bestimmen kann. Das darf aber nach der Quantenmechanik nicht sein. Also - so folgerte Einstein - ist diese Theorie entweder nicht vollständig oder beherbergt Widersprüche. Dieses Argument beunruhigte Bohr zunächst sehr, er verbrachte eine schlaflose Nacht, um den Haken in Einsteins Gedankengang zu finden.

Abb. 41:
Einsteins Gedankenversuch,
die Relation $\Delta E \cdot \Delta t \approx h$ zu widerlegen.

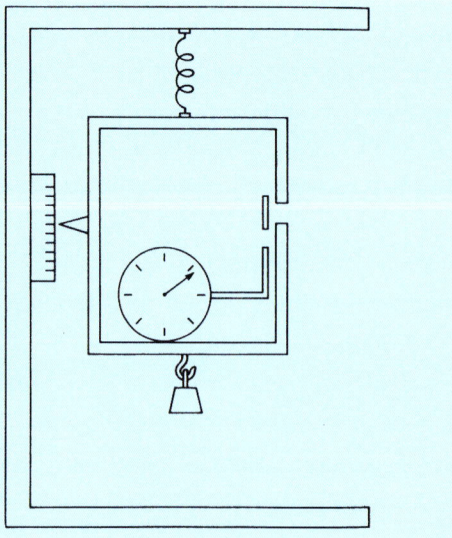

Bohr musste zur **allgemeinen Relativitätstheorie** greifen, um Einsteins Gedankenversuch zu widerlegen. In Bohrs Worten hört sich die Lösung kompliziert an: *„Bei näherer Betrachtung erwies es sich als notwendig, die Folgen der Identifizierung von Trägheits- und Gravitationsmasse eingehender zu untersuchen. Im Besonderen erschien es wesentlich, die Beziehung zwischen dem Gang einer Uhr und ihrer Lage in einem Gravitationsfeld zu berücksichtigen, eine Beziehung, die aus der Rotverschiebung der Linien im Sonnenspektrum wohlbekannt ist und aus dem Einsteins Prinzip der Äquivalenz zwischen Schwerkraftwirkungen und den Erscheinungen, die in beschleunigten Bezugssystemen beobachtet wird, folgt“.* Man kann einfacher ausdrücken, wie seine Überlegung aussah, um Einsteins Argument mit Einsteins Theorie zu widerlegen: Bei der Gewichtsmessung bewegt sich der an der Schraubenfeder hängende Kasten im Gravitationsfeld. Denn sowie das Photon austritt, wird der Kasten leichter, er setzt sich nach oben in Bewegung. Einstein selbst hatte in seiner allgemeinen Relativitätstheorie nachgewiesen, dass eine in Richtung der Schwerkraft bewegte Uhr ihre **Ganggeschwindigkeit ändert**. Ihre Anzeige ändert sich während dieser Zeitspanne um einen bestimmten Betrag. Bohr konnte zeigen, dass während des Wägevorgangs des Kastens eine **unvermeidbare Ungenauigkeit** auf das den Schieber bewegende Uhrwerk übertragen wird. Daher kann der Zeitpunkt des Austritts des Photons **nicht** exakt angegeben werden. Bohr konnte nachweisen, dass in dem von Einstein ausgedachten Gedankenexperiment die Ermittlungen von Energie und Zeit mit genau der Unbestimmtheit versehen sind, die in den Relationen von Heisenberg behauptet wird: $\Delta E \cdot \Delta t \approx h$.

Es gibt keine Möglichkeit, die Heisenbergschen Unschärferelationen zu umgehen.

Zwischen Bohr und Einstein blieben die Differenzen hinsichtlich der Fragen, was wirklich ist und was die Physik sagen oder wissen kann, bestehen. In einem Brief vom 4. April 1949 ging Einstein ein letztes Mal auf die Frage nach der Wirklichkeit ein, als er sich für Bohrs Glückwünsche zum 70. Geburtstag bedankte. Und Niels Bohr hat bis zu seinem Tode über diese Fragen nachgedacht. Die letzte Skizze, die Bohr am Vorabend seines Todes (18. November 1962) auf die Tafel seines Studierzimmers zeichnete, stellte das mit Einstein diskutierte Photon im Kasten dar.

Diese wissenschaftliche Kontroverse hat viel zur Klärung der richtigen quantenmechanischen Deutung beigetragen. Heute ist der grundsätzlich statistische Charakter der Quantenmechanik allgemein akzeptiert und es gibt kein Experiment, das der quantenmechanischen Beschreibung widerspricht.

Der bekannte Physiko-Chemiker Walther Nernst (1920 Nobelpreis für Chemie) hatte den belgischen Chemiker und Industriellen Ernest Solvay dafür gewinnen können, eine Konferenz führender Physiker einzuberufen und zu finanzieren, um ein Diskussionsforum der neuesten wissenschaftlichen Erkenntnisse zu schaffen. Die **erste Solvay-Konferenz** fand Anfang November 1911 in Brüssel statt und befasste sich mit dem Thema „Die Theorie der Strahlung und die Quanten". Berühmt war der **fünfte Solvay-Kongress** im Oktober 1927 bei dem es um die „Kopenhagener Deutung" der neuen Quantenmechanik ging.

A. PICCARD   W. GERLACH   C. DARWIN   P.A. DIRAC   H.A. KRAMERS   J.H. VAN VLECK   W. HEISENBERG

E. HENRIOT   MANNEBACK   A. COTTON   J. ERRERA   O. STERN   H. BAUER   P. KAPITZA   L. BRILLOUIN   P. DEBYE   W. PAULI   J. DORFMAN   E. FERMI

E. HERZEN   J. VERSCHAFFELT   A. SOMMERFELD   Mme CURIE   P. LANGEVIN   A. EINSTEIN   O. RICHARDSON   B. CABRERA   N. BOHR   W.J. DE HAAS

Th. DE DONDER   P. ZEEMAN   P. WEISS

Abb.42:

A. Einstein als Teilnehmer auf dem **sechsten Solvay-Kongress** 1930 in Brüssel. Die Konferenz behandelte die magnetischen Eigenschaften der Materie. Am Rande der Konferenz setzten **Niels Bohr und Albert Einstein ihre Debatte über die erkenntnistheoretischen Grundlagen der neuen Quantenmechanik fort**. Hier trug Einstein sein berühmtes Gedankenexperiment („das Photon im Kasten") vor, das die Heisenbergsche Unschärferelation $\Delta E \cdot \Delta t \approx h$ widerlegen sollte. Bohr musste zur **allgemeinen Relativitätstheorie** greifen, um den Fehler in Einsteins Überlegung zu finden.

Die prominentesten Teilnehmer auf dem 6. Solvay-Kongress in Brüssel waren (Abb. 42):

Ganz rechts **Werner Heisenberg** (1901 - 1976). Nobelpreis 1932 für seine bahnbrechenden Arbeiten zur Quanten-mechanik. Berühmt sind die **Heisenbergschen Unschärferelationen**, die das Herz der Quantenmechanik bilden: Im atomaren Bereich lassen sich Ort und Impuls eines Teilchens **nicht gleichzeitig** beliebig genau messen. Vielmehr gilt: $\Delta p \cdot \Delta x \geq h$. Je genauer wir die Lagekoordinate angeben, je kleiner also Δx wird, umso größer wird die Ungenauigkeit Δp des Impulses und umgekehrt. In ähnlicher Weise hängt die Unschärfe in der Energiemessung mit der dafür benö-tigten Zeit zusammen: $\Delta E \cdot \Delta t \geq h$.

Neben Heisenberg der Nobelpreisträger **Enrico Fermi** (1901 - 1954), bekannt durch die **Fermi-Dirac-Statistik**, die für Teilchen mit halbzahligem Spin gilt. Ferner gelang es Fermi 1942 in Chicago den ersten **Kernreaktor** in Betrieb zu nehmen.

Rechts unten **Niels Bohr** (1885 - 1962). Jeder kennt das berühmte **Bohrsche Atommodell**. Der 28-jährige Bohr ver-band 1913 das Rutherfordsche Atommodell mit der Quantentheorie von Planck und Einstein und stellte seine beiden Postulate auf: Es gibt im Gegensatz zur Maxwellschen Elektrodynamik stabile Elektronenbahnen, auf denen das Elek-tron nicht strahlt. Für diese Bahnen gilt: Bahnlänge x Impuls = 2π r x mv = n h (n = 1, 2, 3, . . .). Und: Das Elektron kann von einer Quantenbahn auf die andere springen, dabei wird ein Lichtquant der Frequenz h $\nu = E_n - E_m$ emittiert. Diese beiden Postulate lösten wie ein Zauberstab viele bisherige Schwierigkeiten und brachten eine systematische Ordnung in die ungeheure Fülle der Spektren. Bohr erhielt 1922 den Nobelpreis. Das Institut von Niels Bohr in Kopen-hagen wurde eine der Hochburgen der theoretischen Physik.

Rechts hinten **Wolfgang Pauli** (1900 - 1958). Berühmt durch das **Pauli-Verbot**: Es darf in einem Atom keine Elek-tronen geben, die in allen vier Quantenzahlen übereinstimmen. Damit konnte das alte Rätsel des Aufbaus des periodi-schen Systems der Elemente endgültig geklärt werden. 1945 Nobelpreis. Pauli und Heisenberg haben eng zusammen-gearbeitet und waren freundschaftlich verbunden.

Neben Pauli steht **Peter Debye** (1884 - 1966). 1936 Nobelpreis für Chemie. Debye hat sich mit der Strukturforschung der Materie befasst. Bekannt sind die schönen Debye-Scherrer-Aufnahmen zur Bestimmung des Gitterbaus von Kristallen.

Vorne in der Mitte sitzend **Albert Einstein** (1879 - 1955). Schöpfer der **speziellen und allgemeinen Relativitäts-theorie**. 1922 Nobelpreis für die Deutung des lichtelektrischen Effektes. Einstein ist wohl der populärste Physiker aller Zeiten.

Hinter Einstein stehend **Paul Adrien Dirac** (1902 - 1984). 1933 Nobelpreis. Anfang 1928 veröffentlichte der junge Dirac seine berühmte **relativistische Wellengleichung** des Elektrons, die ohne weitere Zusatzannahmen zu einer Erklärung aller Spineffekte führt. Die Dirac-Gleichung des gebundenen Elektrons liefert neben den Zuständen positiver noch solche negativer Energie. Damit gelang es Dirac, das **Positron** theoretisch vorherzusagen, das 1932 experimentell gefunden wurde.

In der vorderen Reihe sitzend **Marie Curie** (1867 - 1934). Das Ehepaar Pierre und Marie Curie entdeckten die radio-aktiven Elemente **Polonium** und **Radium**. In mühsamer und zäher Arbeit stellten sie reines Radium her und bestimmten dessen Atomgewicht mit 225. Marie Curie erhielt 1903 den Nobelpreis für Physik und 1911 den Nobelpreis für Chemie.

Neben Mme Curie sitzend **Arnold Sommerfeld** (1868 - 1951). Professor für theoretische Physik in München und Lehrer von Werner Heisenberg und Wolfgang Pauli. Er verfeinerte das Bohrsche Atommodell und konnte somit die **Fein-struktur der Spektrallinien** begründen.

Hinter Arnold Sommerfeld stehend die beiden Physiker **Otto Stern** (1888 - 1969) und **Walther Gerlach** (1889 - 1979), die 1921 in einem berühmten Experiment die **Richtungsquantelung des Drehimpulses** bzw. magnetischen Momentes von Atomen nachgewiesen haben.

Abb. 43: Verleihung des Nobelpreises an Werner Heisenberg im Jahre 1933 durch König Gustav Adolf von Schweden in Stockholm. Heisenberg war nicht nur ein genialer Physiker, sondern auch ein glänzender Schriftsteller und eine in der abendländischen Kultur tief verwurzelte Persönlichkeit. Er hat alle finanziell sehr lukrativen Angebote, in den USA einen Lehrstuhl zu übernehmen, abgelehnt.

- 1901 wird Werner Heisenberg in Würzburg geboren.
- 1920 Abitur am Max-Gymnasium in München.
- 1923 Doktorprüfung in Physik an der Universität München.
- 1924 Habilitation in Göttingen.
- 1925 Heisenberg entwickelt die Matrizenmechanik.
- 1927 Arbeit über die Unschärferelationen.
- 1933 Nobelpreis für Physik, rückwirkend für das Jahr 1932.
- 1937 Heirat mit Elisabeth Schumacher mit der er sieben Kinder hat.
- 1946 Direktor des Max-Planck-Instituts in Göttingen.
- 1958 Vorschlag einer einheitlichen Feldtheorie der Elementarteilchen.
- 1976 ist Heisenberg in München an Leukämie gestorben.

Im Dezember 1933 wurden drei Physiker für ihre herausragenden Leistungen auf dem Gebiet der Quantenphysik mit dem Nobelpreis ausgezeichnet: Einmal **Werner Heisenberg**, der den Preis rückwirkend für das Jahr 1932 erhielt. Dann der Preis für 1933, der geteilt wurde zwischen **Erwin Schrödinger** und **Paul Dirac**. Dazu sagte Heisenberg in einem Brief an Niels Bohr: „Bei dem Nobelpreis hab ich Schrödinger, Dirac und Born gegenüber ein schlechtes Gewissen. Schrödinger und Dirac hätten beide einen ganzen Preis mindestens ebenso verdient wie ich, und mit Born hätte ich gerne geteilt, da wir auch zusammen gearbeitet haben."

Im Vorangegangenen haben wir einige Basiselemente der Quantenmechanik dargestellt. Am Anfang der Quantenphysik stand die geistige Tat eines einzelnen Physikers, der das Tor in diese **neue physikalische Welt** aufgestoßen hat: Max Planck. Manches erinnert heute noch in unserer schnelllebigen Zeit an Planck. Es gibt die Max-Planck-Institute, einige Gymnasien sind nach ihm benannt oder manche Straßen tragen seinen Namen. Aber nur ganz wenige Menschen wissen etwas über sein Leben oder Lebenswerk. Daher soll dieses Kapitel ihm gewidmet sein. Die genaue Herleitung seiner berühmten **Strahlungsformel** kann hier allerdings nicht gebracht werden, da sie erhebliche Kenntnisse der Elektrodynamik und Thermodynamik voraussetzt.

- 1858 Max Planck, einer Juristenfamilie entstammend, wird am 23. April in Kiel geboren. Nach Schwanken bei der Berufswahl – Mathematik/Physik oder Musik oder alte Sprachen? – Physik-Studium in München und Berlin, Promotion und Habilitation in München.
- 1885 Außerordentlicher Professor für theoretische Physik in Kiel.
- 1887 Hochzeit mit Marie Merck.
- 1889 Professor an der Friedrich-Wilhelm-Universität in Berlin.
- 1900 Am 14. Dezember trägt Planck seine berühmte Strahlungsformel der Deutschen Physikalischen Gesellschaft vor:
  Geburtsstunde der Quantentheorie.
- 1909 Tod seiner Frau.
- 1911 Zweite Eheschließung mit Marga von Hoeßlin.
- 1913-14 Rektor der Universität Berlin.
- 1916 Tod seines Sohnes Karl vor Verdun.
- 1919 Verleihung des **Nobelpreises** für Physik, rückwirkend für das Jahr 1918.
- 1930-37 Präsident der Kaiser-Wilhelm-Gesellschaft.
- 1944 Plancks Haus im Grunewald wird durch Bomben völlig zerstört.

Abb 44: Max Planck (1858 - 1947). Foto um 1920.

- 1945 Sein Sohn Erwin wird als Widerstandskämpfer am 23. Januar von den Nationalsozialisten in Berlin-Plötzensee hingerichtet.
  Nach Verlust der letzten Habe und schutzlosem Umherirren wird Planck von den Amerikanern nach Göttingen gebracht und findet Unterkunft bei Verwandten.
- 1947 Am 4. Oktober stirbt Max Planck in Göttingen.

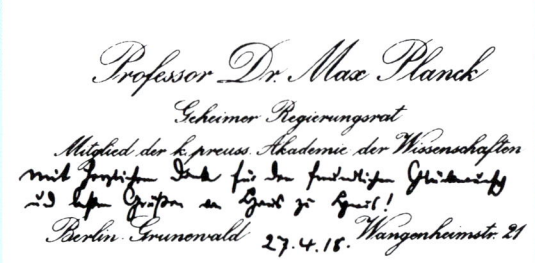

Max Planck:

„Eine neue wissenschaftliche Wahrheit pflegt sich nicht in der Weise durchzusetzen, dass ihre Gegner überzeugt werden und sich als belehrt erklären, sondern vielmehr dadurch, dass die Gegner allmählich aussterben und dass die heranwachsende Generation von vornherein mit der Wahrheit vertraut gemacht ist".

Abb 45: Visitenkarte von Max Planck.

Max Planck war nicht nur ein genialer theoretischer Physiker, der mit seiner Entdeckung der Strahlungsformel im Jahr 1900 die **Tür zu einer neuen physikalischen Welt** aufgestoßen hat, sondern er war auch ein **philosophisch feingebildeter Kopf** und ein **begabter Schriftsteller**. Er hat sich mit Fragen wie Kausalität und Willensfreiheit, Physik und Metaphysik, Wissenschaft und Religion, Naturgesetz und Ethik beschäftigt.

Persönliche Erinnerungen

1946 wurde Max Planck – er war damals 88 Jahre – von der Redaktion der Naturwissenschaften gebeten, Begegnungen mit ehemaligen Fachgenossen aus seiner Studienzeit aufzuschreiben. Planck war hierbei allein auf seine Erinnerungen angewiesen, da seine handschriftlichen Aufzeichnungen, Tagebücher usw. im Krieg verbrannt waren. Hier einige Passagen aus seiner Rückschau:

*„…Mit der Physik kam ich zuallererst in Berührung am Münchener Maximilians-Gymnasium durch meinen Mathematiklehrer **Hermann Müller**, einen mitten im Leben stehenden, scharfsinnigen und witzigen Mann, der es verstand, die Bedeutung der physikalischen Gesetze, die er uns Schülern beibrachte, durch drastische Beispiele zu erläutern.*

*So kam es, dass ich als erstes Gesetz, welches unabhängig vom Menschen eine absolute Geltung besitzt, das Prinzip der Erhaltung der Energie, wie eine Heilsbotschaft in mich aufnahm. Unvergesslich ist mir die Schilderung, die **Müller** uns als Beispiel der potentiellen und kinetischen Energie zum besten gab, von einem Maurer, der einen schweren Ziegelstein mühsam auf das Dach eines Hauses hinaufschleppt. Die Arbeit, die er dabei leistet, geht nicht verloren: sie bleibt unversehrt aufgespeichert, jahrelang, bis vielleicht eines Tages der Stein sich löst und einem vorübergehenden Menschen auf den Kopf fällt.*

*Nach Absolvierung des Gymnasiums studierte ich zunächst drei Jahre (1875 – 1877) an der Universität München. Mein akademischer Lehrer in Physik war **Phillipp von Jolly**, dessen Name auch jetzt noch* *durch das von ihm angegebene Gasthermometer konstanten Volumens bekannt ist.... Besonders viel habe ich bei **Gustav Bauer** gelernt, vor allem in seinem ausgezeichneten mathematischen Seminar, das ich drei Jahre lang besuchte. Auch die Vorlesungen Bauers waren klar und überzeugend, obgleich er etwas stockend sprach und nicht im üblichen Sinne als guter Vortragender gelten konnte. Auf meine wissenschaftliche Entwicklung übte er einen entscheidenden Einfluss aus, da er es war, der in mir die eigentliche Begeisterung für die höhere Mathematik und deren Denkmethoden erweckte. . . .*

*Im Frühjahr verließ ich München für zwei Semester, um meine Studien in Berlin fortzusetzen, wo sich unter den Auspizien von **Hermann von Helmholtz** und **Gustav Kirchhoff**, deren bahnbrechende, in der ganzen Welt Beachtung findende Arbeiten ihren Schülern leicht zugänglich waren, mein wissenschaftlicher Horizont beträchtlich erweiterte. Allerdings muss ich gestehen, dass mir die Vorlesungen keinen merklichen Gewinn brachten. **Helmholtz** hatte sich offenbar nie richtig vorbereitet. Er sprach immer nur stockend, wobei er in einem kleinen Notizbuch sich die nötigen Daten heraussuchte, außerdem verrechnete er sich beständig an der Tafel, und wir hatten das Gefühl, dass er sich selber bei diesem Vortrag mindestens ebenso langweilte wie wir. Die Folge war, dass die Hörer nach und nach wegblieben; schließlich waren es nur noch drei, mich und meinen Freund, den späteren Astronomen **Rudolf Lehmann-Filbes** eingerechnet.*

*Im Gegensatz dazu trug **Kirchhoff** ein sorgfältig ausgearbeitetes Kolleg frei vor, wobei jeder Satz wohlerwogen an seiner richtigen Stelle stand. Kein Wort zu wenig, kein Wort zu viel. Aber das Ganze wirkte wie auswendig gelernt, trocken und eintönig. Die Studenten lauschten wie einem Orakel; keiner hätte gewagt, irgend etwas anzuzweifeln. Infolgedessen lernten wir aber nicht viel dabei, - denn man lernt nur, indem man sich Fragen stellt.*

*Die stärksten wissenschaftlichen Anregungen empfing ich in dieser Zeit durch die Veröffentlichungen von **Rudolf Clausius** in Bonn, insbesondere durch dessen Werk über 'Die mechanische Wärmetheorie'. Manche Punkte in dieser Theorie erschienen mir indessen noch ergänzungsbedürftig, vor allem hielt ich es für nötig, die Begründung des zweiten Hauptsatzes noch zu vertiefen. Als ich glaubte, durch meine eigenen Überlegungen auf diesem Gebiet einen Fortschritt erzielt zu haben, stellte ich meine Ergebnisse zusammen und reichte die Arbeit in München, wohin ich inzwischen zurückgekehrt war, als Doktordissertation ein. Die mündliche Doktorprüfung fand am 28.6.1879 statt. Der damalige Vorsitzende der Prüfungskommission war **Ludwig Seidel**; geprüft wurde ich in den Fächern Physik (von **Jolly**), Mathematik (von **Gustav Bauer**), Chemie (von **A. von Bayer**) und Philosophie. Jolly richtete an mich sehr leichte Fragen. Auch die Fragen von Bayer waren mühelos zu beantworten; doch habe ich gerade diese Prüfung in wenig angenehmer Erinnerung, da er mich ziemlich schnöde behandelte und durchblicken ließ, dass er die theoretische Physik für ein vollkommen überflüssiges Fach hielt. An die mündliche Prüfung schloss sich dann, den damaligen Bestimmungen entsprechend, die feierliche Promotion an, in welcher vom Doktoranden einige von ihm aufgestellte Thesen zu verteidigen waren. Meine Opponenten . . . waren der Physiker **Carl Runge** und der Mathematiker **Adolf Hurwitz**.*

*Bereits ein Jahr nach der Promotion erfolgte meine Zulassung in München als Privatdozent..... Nicht ohne Enttäuschung musste ich feststellen, dass der Eindruck meiner Doktordissertation wie auch meiner Habilitationsschrift in der damaligen physikalischen Öffentlichkeit gleich Null war. Von meinen Universitätslehrern hatte, wie ich aus Gesprächen mit ihnen genau weiß, keiner ein Verständnis für ihren Inhalt. Sie ließen die Arbeiten wohl nur deshalb passieren, weil sie mich von meinen sonstigen Arbeiten im physikalischen Praktikum und im mathematischen Seminar her kannten. Aber auch bei den Physikern, welche dem Thema an sich näher standen, fand ich kein Interesse, geschweige denn Beifall. **Helmholtz** hatte die Schrift wohl überhaupt nicht gelesen. ..."*

Plancks Entdeckung revolutionierte die Physik

1895 hatte Planck mit seinen Untersuchungen über die „Schwarze Wärmestrahlung" begonnen, und nach harter Arbeit besaß er im Oktober 1900 endlich Klarheit über die Eigenschaften der Wärmestrahlung. Bekanntlich musste er dabei von einer kleinen, harmlos erscheinenden Formel $E = n \hbar \omega$ Gebrauch machen. Fünf Jahre vergingen, bis die ersten Physiker erkannten, welche **physikalische Revolution** hinter dieser Formel steckte. Das Strahlungsgesetz von Planck war die erste quantentheoretische Formel, die je ein Mensch hingeschrieben hat.

1907 wurde Planck zum ersten Mal für den Nobelpreis vorgeschlagen, und im folgenden Jahr 1908 war er ganz nahe daran, den Preis zu erhalten. Der schwedische Physikochemiker Svante Arrhenius setzte sich nachdrücklich für ihn ein und auch das Preiskomitee und die Akademie votierten für Planck. Aber der Preis ging an Gabriel Lippmann für ein Verfahren der Farbfotografie. Das Hauptargument gegen Planck kam von den schwedischen Mathematikern Ivar Fredholm und Gösta Mittag-Leffler: Planck habe die Ableitung seines Strahlungsgesetzes *„auf eine vollständig neue Hypothese aufgebaut, die kaum als plausibel betrachtet werden könne, nämlich auf die **Hypothese der elementaren Energiequanten"**.*

Den Nobelpreis erhielt Planck erst 1919 rückwirkend für das Jahr 1918, als Niels Bohr längst sein Atommodell aufgestellt und sich die Meinung in der scientific community zugunsten der neuen Gedanken geändert hatte. Die schwedische Akademie war einem Gedanken **Max von Laues** gefolgt: Auf die Anfrage aus Stockholm schlug von Laue seinen Lehrer Max Planck vor und erklärte es für unmöglich, einen Nobelpreis für eine Leistung auf dem Gebiet der Quantentheorie zu verleihen, *„bevor Planck ihn erhalten hat"*.

Plancks Unterredung mit Hitler im Jahr 1933

Werner Heisenberg schildert in seinem Buch „Der Teil und das Ganze", dass zu Beginn des Sommersemesters 1933 an seinem Leipziger Institut viele seiner tüchtigsten Seminarteilnehmer Deutschland verlassen hatten und auch sein fähigster Assistent, der spätere Nobelpreisträger Felix Bloch, hatte sich zur Auswanderung entschlossen. In dieser schweren Zeit bat er **Max Planck** um ein Gespräch und suchte ihn in seinem Haus in Berlin-Grunewald auf. Max Planck hatte am 16. Mai 1933 dem neuen Reichskanzler Adolf Hitler seinen Antrittsbesuch gemacht.

Heisenberg: „Planck empfing mich in seinem nicht sehr hellen, aber freundlich altmodisch eingerichteten Wohnzimmer. … Planck schien mir seit unserem letzten Treffen um viele Jahre gealtert. Sein feines schmales Gesicht hatte tiefe Falten, sein Lächeln bei der Begrüßung war gequält, er sah müde aus".

Planck zu Heisenberg: *„Sie kommen, um bei mir Rat in politischen Fragen zu holen, aber ich fürchte, ich kann Ihnen keinen Rat mehr geben. Ich habe keine Hoffnung mehr, dass sich die Katastrophe für Deutschland und damit auch für die deutschen Universitäten noch aufhalten lässt. Bevor Sie mir von den Zerstörungen in Leipzig erzählen, die sicher um nichts geringer sind als die bei uns in Berlin, will ich Ihnen lieber gleich über ein **Gespräch berichten, das ich vor einigen Tagen mit Hitler geführt habe.***

*Ich hatte gehofft, ihm klarmachen zu können, welch enormen Schaden man den deutschen Universitäten und insbesondere auch der physikalischen Forschung in unserem Land zufügt, wenn man die jüdischen Kollegen vertreibt; wie sinnlos und zutiefst unmoralisch eine solche Handlungsweise wäre, da es sich ja zum größten Teil um Menschen handelt, die sich völlig als Deutsche fühlen und die im letzten Kriege so wie alle ihr Leben für Deutschland eingesetzt haben. Aber ich habe bei Hitler keinerlei Verständnis gefunden – oder schlimmer, es gibt einfach keine Sprache, in der man sich mit einem solchen Menschen überhaupt verständigen kann. Hitler hat, so schien mir, **jeden wirklichen Kontakt mit der Außenwelt verloren**. Er empfindet das, was der andere sagt, bestenfalls als eine lästige Störung, die er sofort übertönt, indem er immer wieder die gleichen Phrasen über die Zersetzung des geistigen Lebens in den letzten 14 Jahren, über die Notwendigkeit, diesem Verfall in letzter Minute Einhalt zu gebieten usw., deklamiert. Dabei hat man den fatalen Eindruck, dass er **diesen Unsinn selber glaubt** und sich die Möglichkeit dieses Glaubens eben durch das Ausschalten aller äußeren Einflüsse sozusagen mit Gewalt verschafft; denn er ist von seinen sogenannten Ideen besessen, **er ist keinerlei vernünftigem Einspruch zugänglich** und wird **Deutschland in eine entsetzliche Katastrophe** führen."*

Diese hellsichtige politische Analyse aus dem Jahr 1933 kennzeichnet Plancks scharfsinniges und unbestechliches Denken. Plancks Sohn Erwin wurde als Widerstandskämpfer gegen Hitler vom Volksgerichtshof zum Tode verurteilt und am 23. Januar 1945 in Berlin-Plötzensee hingerichtet. Alle Gnadengesuche von Max Planck waren erfolglos geblieben.

Max Planck: *„Er bildete einen wertvollen Teil meines eigenen Lebens. Er war mein Sonnenschein, mein Stolz, meine Hoffnung. Was ich mit ihm verloren habe, können keine Worte schildern."*

Die Situation in der Physik vor 1900

Wir wollen in der Zeit wieder zurückgehen: 1875 stellte sich der frischgebackene Studiosus Max Planck – damaliger Sitte entsprechend – beim Physik-Professor Jolly in München vor, und der riet ihm vom Physikstudium ab: In einer so abgeschlossenen Wissenschaft hätte ein intelligenter junger Mensch keine Chancen mehr. Er solle lieber Musik studieren, da könne er noch Etwas werden. In der Tat, die meisten Physiker waren gegen Ende des 19. Jahrhunderts überzeugt, dass die Physik mehr oder weniger abgeschlossen sei. Alle Phänomene könnten – so glaubten sie – letztendlich auf die Newtonsche Mechanik, Thermodynamik und Elektrodynamik zurückgeführt werden. Nur ganz wenige Physiker merkten zu dieser Zeit, dass sich in dem Gebäude der klassischen Physik Risse zeigten, die immer tiefer wurden und sich mit der klassischen Physik nicht mehr kitten ließen. Das war einmal der negative Ausfall des **Michelson-Morley Experimentes**, der später zum Ausgangspunkt der speziellen Relativitätstheorie werden sollte. Dann die **spezifische Molwärme der Metalle**, die bei niederen Temperaturen hartnäckig von dem Dulong-Petitschen Wert C_v = 6 cal / mol °C zu kleineren Werten abwich. Hier kündigten sich bereits Quanteneffekte an. Und dann schließlich die **schwarze Hohlraumstrahlung**: Alle klassischen Rechnungen führten hier mit zwingender Notwendigkeit zur Rayleigh-Jeansschen Strahlungsformel für die spektrale Energiedichte. Diese Formel gab zwar die gemessenen Werte bei kleinen Frequenzen richtig wieder, versagte aber vollkommen bei großen Werten. Die Formel enthält die unsinnige Aussage, dass die spektrale Energiedichte der Hohlraumstrahlung mit wachsender Frequenz quadratisch unbegrenzt ansteigt – das aber stand im **krassen Widerspruch zum Energieerhaltungssatz!** Dieser Sachverhalt ist als die berühmte **Ultraviolettkatastrophe** in die Geschichte der Physik eingegangen.

Die besten Physiker (z.B. Lord Rayleigh, Nobelpreis 1904) bemühten sich damals, diese Formel zu korrigieren und in Übereinstimmung mit den Experimenten zu bringen. Alle Versuche scheiterten. Alle klassischen Lösungsansätze der Thermodynamik und Elektrodynamik führten zwangsläufig zur physikalisch unsinnigen Rayleigh-Jeansschen Formel. Erst das Genie Max Planck fand 1900 die Lösung und leitete damit die **Geburtsstunde der Quantenphysik** ein.

Hohlraumstrahlung und Plancksches Strahlungsgesetz

Ein schwarzer Körper ist im Idealfall ein System, das die gesamte einfallende elektromagnetische Strahlung absorbiert. Je mehr ein Körper absorbiert, desto besser strahlt er auch. Eine gute experimentelle Realisierung eines schwarzen Körpers ist der in Abb. 46 gezeigte Hohlraum mit einer kleinen Öffnung. Man spricht daher auch von **Hohlraumstrahlung**, wenn man die Strahlung des schwarzen Körpers meint. In dem Hohlraum befindet sich die Strahlung im thermischen Gleichgewicht mit den Wänden, die die Strahlung ständig emittieren und absorbieren. Wird die Strahlung im Hohlraum z.B. 5 mal absorbiert und reflektiert, wobei jedes Mal 95 % absorbiert wird, so nimmt die Intensität nach einer **geometrischen Folge** ab, d. h. sie beträgt dann nur noch $0,05^5$ = $3,125 \cdot 10^{-7}$ der ursprünglichen Intensität, d.h. man kommt dem Ideal des schwarzen Körpers sehr nahe.

Die Wände des Hohlraumes werden auf der Temperatur T gehalten und diese kann variiert werden. Bei Temperaturen unter 600 °C ist die thermische Strahlung nicht sichtbar, zwischen 600 und 700 °C erscheint der Körper dunkelrot, bei noch höheren hellrot oder sogar weißglühend.

Die Physiker vor Planck dachten sich zur Vereinfachung des Problems die Wandung des Hohlraumes aus einer Anzahl von linearen, eindimensionalen harmonischen Oszillatoren d.h. aus **quasielastisch gebundenen Elektronen** bestehend, die sich mit der elektromagnetischen Strahlung im thermischen Gleichgewicht befinden. Diese Oszillatoren (schwingende Elektronen) absorbieren und emittieren Strahlung in beliebigen Energieportionen.

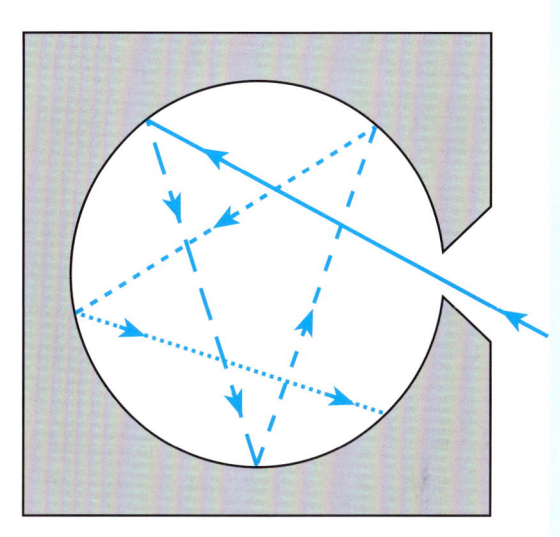

Abb. 46: Experimentelle Realisierung eines schwarzen Körpers. Die durch die kleine Öffnung einfallende Strahlung wird an den Wänden mehrfach reflektiert und nahezu vollständig absorbiert.

Auch Planck hat eine Reihe linearer, eindimensionaler Oszillatoren angenommen, die im thermischen Gleichgewicht mit der Strahlung stehen.

Aber er hat dann die **revolutionäre** Annahme gemacht, dass die Oszillatoren **nicht** beliebige Energie mit der Strahlung austauschen können. Vielmehr musste er hier eine völlig neue, der klassischen Physik grundsätzlich fremde Annahme einführen, die sog. **Quantenhypothese**. Danach kann ein strahlendes System mit einem Strahlungsfeld nicht beliebige Energieportionen austauschen, sondern nur ganzzahlige Vielfache des Energiequantums $h\nu = \hbar\omega$, wo ν die Frequenz bzw. ω die Kreisfrequenz der Strahlung und h eine neue Naturkonstante, das Plancksche Wirkungsquantum ist:

$h = 6{,}625 \cdot 10^{-34}$ Jsec.

Die klassische Elektrodynamik kennt keine derartige Beschränkung für den Energieaustausch zwischen einem Ladungssystem und einer elektromagnetischen Welle.

Die Plancksche Strahlungsformel liefert exakt die richtige gemessene Energieverteilung der schwarzen Strahlung. Abb. 47 zeigt die spektrale Energiedichte der Hohlraumstrahlung bei einer bestimmten Temperatur T_1 in Abhängigkeit der Kreisfrequenz ω nach Rayleigh-Jeans und Planck. **Das Strahlungsgesetz von Planck war die erste quantentheoretische Formel, die je ein Mensch aufgeschrieben hat.** Wir wollen sie hier wenigstens einmal hinschreiben:

$$u(\omega, T)\, d\omega = \frac{\hbar\omega}{e^{\frac{\hbar\omega}{kT}} - 1} \; \frac{\omega^2}{\pi^2 c^3} \; d\omega \qquad \text{(I)}$$

Da $e^x \approx 1 + x$ für x << 1, so folgt als Näherung für kleine ω das Rayleigh-Jeanssche Gesetz

$$u\,(\omega,\,T)\,d\omega \;\approx\; \frac{\hbar\,\omega}{1+\frac{\hbar\omega}{kT}-1}\;\;\frac{\omega^2}{\pi^2\,c^3}\;\;d\omega = kT\,\frac{\omega^2}{\pi^2\,c^3}\,d\omega \qquad\qquad (II)$$

Hierbei bedeuten: $\omega = 2\,\pi\,\nu$ Kreisfrequenz der Strahlung,
T = Temperatur in °K, c = Lichtgeschwindigkeit, k = Boltzmann-Konstante
und $\hbar$ = h / 2 π das Plancksche Wirkungsquantum.

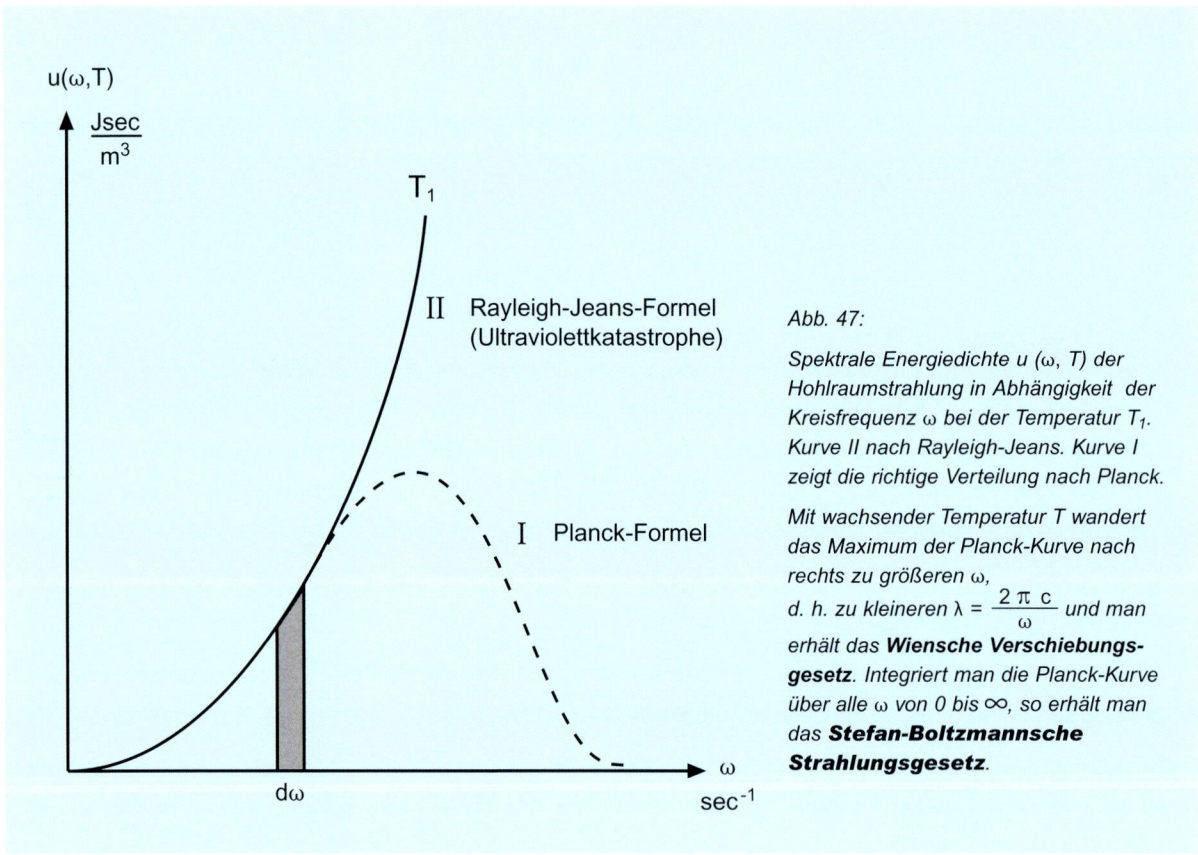

Abb. 47:

Spektrale Energiedichte u (ω, T) der Hohlraumstrahlung in Abhängigkeit der Kreisfrequenz ω bei der Temperatur T_1. Kurve II nach Rayleigh-Jeans. Kurve I zeigt die richtige Verteilung nach Planck.

Mit wachsender Temperatur T wandert das Maximum der Planck-Kurve nach rechts zu größeren ω, d. h. zu kleineren $\lambda = \frac{2\,\pi\,c}{\omega}$ und man erhält das **Wiensche Verschiebungsgesetz**. Integriert man die Planck-Kurve über alle ω von 0 bis ∞, so erhält man das **Stefan-Boltzmannsche Strahlungsgesetz**.

Max Planck starb am 4. Oktober 1947 mit fast 90 Jahren in Göttingen. Zu Ehren von Max Planck wurde 1948 die Kaiser-Wilhelm-Gesellschaft in Max-Planck-Gesellschaft umbenannt und bereits 1929 hatte die Deutsche Physikalische Gesellschaft die Max-Planck-Medaille für besondere Verdienste auf dem Gebiet der theoretischen Physik gestiftet. 1927 übernahm Erwin Schrödinger den Lehrstuhl von Max Planck in Berlin.

Albert Einstein sagte über Planck: *„Sein Blick war auf die ewigen Dinge gerichtet, und er nahm doch tätigen Anteil an allem, was der menschlichen und zeitlichen Sphäre angehörte".*

Beispiel: Mit den Methoden der klassischen Elektrodynamik kann man zeigen, dass sich die Rayleigh-Jeanssche Formel wie folgt schreiben lässt: $u\ (\omega, T) = \overline{E_{osz}}\ \dfrac{\omega^2}{\pi^2 c^3}$. Dieser Beweis ist aufwendig und mit den Möglichkeiten der Schule nicht zu führen. Nach der klassischen Thermodynamik hat der eindimensionale Oszillator zwei Freiheitsgrade und nach dem Energie-Gleichverteilungssatz die mittlere Energie $\overline{E_{osz}} = kT$, d.h. wir erhalten die bekannte Formel von Rayleigh-Jeans. Genau hier hat **Planck** die entscheidende Korrektur vorgenommen und den klassischen Wert $\overline{E_{osz}} = kT$ durch den richtigen **quantenphysikalischen** Wert $\overline{E_{osz}} = \dfrac{\hbar\omega}{e^{\frac{\hbar\omega}{kT}} - 1}$ ersetzt.

Zeige, dass sich dieser Planck-Faktor aus der **Energiequantelung** $E_n = n\,\hbar\omega$ der harmonischen Oszillatoren und dem **Boltzmann-Theorem** ergibt. Hierbei ist $\overline{E_{osz}}$ der Energie-Mittelwert über die eindimensionalen Oszillatoren.

Das Boltzmann-Theorem besagt: Das Dichteverhältnis der Moleküle im thermischen Gleichgewicht ist $\dfrac{N}{N_0} = e^{-\frac{\Delta E}{kT}}$ wenn sich die Moleküle um den Energiebetrag ΔE unterscheiden. Je größer ΔE, desto kleiner N. Es ist wie im menschlichen Leben: Die meisten Menschen sind arm *(N_0)*, es gibt nur wenige Millionäre und noch weniger Milliardäre – genauso ist es bei der Energieverteilung der Moleküle.

Nachstehende Skizze zeigt die Verhältnisse: Quantisierte Energieniveaus der harmonischen Oszillatoren $E_n = n\,\hbar\omega$.

Jedes Energieniveau ist im thermischen Gleichgewicht nach dem Boltzmann-Theorem mit $N_n = N_0\ e^{\frac{n\hbar\omega}{kT}}$ Oszillatoren besetzt. N_0 Oszillatoren sind also im Grundzustand E_0, N_1 im Zustand E_1, N_2 im Zustand E_2 usw.

N_5 ————————— $E_5 = 5\,\hbar\omega$	$N_5 = N_0\ e^{-\frac{5\hbar\omega}{kT}}$	$= N_0\ x^5$
N_4 ————————— $E_4 = 4\,\hbar\omega$	$N_4 = N_0\ e^{-\frac{4\hbar\omega}{kT}}$	$= N_0\ x^4$
N_3 ————————— $E_3 = 3\,\hbar\omega$	$N_3 = N_0\ e^{-\frac{3\hbar\omega}{kT}}$	$= N_0\ x^3$
N_2 ————————— $E_2 = 2\,\hbar\omega$	$N_2 = N_0\ e^{-\frac{2\hbar\omega}{kT}}$	$= N_0\ x^2$
N_1 ————————— $E_1 = \hbar\omega$	$N_1 = N_0\ e^{-\frac{\hbar\omega}{kT}}$	$= N_0\ x$
N_0 ————————— $E_0 = 0$	$N_0 = N_0$	$= N_0$

Zur Abkürzung führen wir ein: $x = e^{-\frac{\hbar\omega}{kT}}$. Damit ergibt sich als Mittelwert der Energie des Oszillators:

$$\overline{E_{osz}} = \frac{E_{total}}{N_{total}} = \frac{N_0 \hbar\omega\ (0 + x + 2x^2 + 3x^3 + 4x^4 + \ldots\ldots)}{N_0\ (1 + x + x^2 + x^3 + \ldots\ldots)} = \frac{\hbar\omega \cdot x\ (1 + 2x + 3x^2 + 4x^3 + \ldots\ldots)}{1 + x + x^2 + x^3 + \ldots\ldots}$$

Der Nenner ist einfach eine geometrische Reihe $\dfrac{1}{1-x} = 1 + x + x^2 + x^3 + \ldots\ldots$

Der Zähler ist die 1. Ableitung der geometrischen Reihe $\left(\dfrac{1}{1-x}\right)^{\prime} = \dfrac{1}{(1-x)^2} = 1 + 2x + 3x^2 + 4x^3 + \ldots\ldots$

Damit ergibt sich: $\overline{E_{osz}} = \dfrac{E_{total}}{N_{total}} = \dfrac{\hbar\omega\ x\ (1-x)}{(1-x)^2} = \dfrac{\hbar\omega \cdot x}{1-x}$. Für $x = e^{-\frac{\hbar\omega}{kT}}$ ergibt sich in der Tat der Planck-Faktor

$$\overline{E_{osz}} = \frac{\hbar\omega \cdot e^{-\frac{\hbar\omega}{kT}} \cdot e^{\frac{\hbar\omega}{kT}}}{(1 - e^{-\frac{\hbar\omega}{kT}}) \cdot e^{\frac{\hbar\omega}{kT}}} = \frac{\hbar\omega}{e^{\frac{\hbar\omega}{kT}} - 1}$$. Für $\omega \to 0$ oder $T \to \infty$ erhalten wir den klassischen Wert $\overline{E_{osz}} = kT$.

Die Geburt der Atomhypothese und Wissenschaft im klassischen Griechenland

Abb. 48: Das Dionysostheater in Athen, unmittelbar zu Füßen der Akropolis gelegen. Die untersten Sitzreihen waren den Großen der Politik und der Religion vorbehalten und in die Rückenlehnen wurden Amt und Würde des Inhabers eingraviert. So kann man auf vielen Marmorsitzen noch heute die Namen der Beamten lesen, die einst darauf gesessen haben. Schön sagt der griechische Dichter Pindaros (um 518 - 442 v. Chr.): **„Trügerisch hängt über den Menschen die Zeit und rollt mit sich dahin des Lebens Flut".**

» Nach den Perserkriegen erblühte das klassische Griechenland unter Perikles zur reichsten Kulturepoche der Menschheitsgeschichte. Wir erleben hier das Schauspiel des menschlichen Geistes, der sich von Magie und Aberglauben befreite (**Anaxagoras**, **Demokritos**), die Medizin vernunftgemäß gestaltete (**Hippokrates**), die Geschichtsschreibung von religiösen Mythen reinigte (Thukydides) und ungekannte Höhen in der lyrischen und dramatischen Dichtung (Pindaros, Aischylos, Sophokles, Euripides), in der Philosophie (Platon, Aristoteles) und den bildenden Künsten (Pheidias) erreichte.

Auch die geniale Spekulation vom **Atom im leeren Raum** wurde vor 2500 Jahren im klassischen Griechenland geboren. Heute noch stößt der Physiker auf Schritt und Tritt auf Bezeichnungen, deren griechische Herkunft oft vergessen wird, wie z.B.: adiabatisch, amorph, Asymptote, Atom, Ballistik, Barometer, Diagramm, Dynamik, exotherm, Hygrometer, Hypothese, Isotherme, isotrop, kinetische Energie, Mikroskop, monomolekular, Osmose, Parallaxe, Phase, synchron, Teleskop, Thermometer. Die Beispiele ließen sich beliebig vermehren. Wir dürfen nicht vergessen, wieviel wir den alten Griechen verdanken.

Perikles. Römische Kopie nach einem Original des Kresilas um 440 v. Chr.
London, British Museum.

Zeittafel:

Perikles   (500 - 429 v. Chr.)

Sophokles   (496 - 406 v. Chr.)

Anaxagoras (um 488 - 428 v. Chr.)

Euripides   (485 - 406 v. Chr.)

Leukipp von Milet
             (um 450 v. Chr.)

Demokrit von Abdera
             (um 460 - 370 v. Chr.)

Hippokrates (460 - 377 v. Chr.)

Platon   (427 - 347 v. Chr.)

Aristoteles (384 - 322 v. Chr.)

Epikur   (341 - 271 v. Chr.)

Abb. 49: Perikles (500 – 429 v. Chr.), über 30 Jahre athenischer Staatsmann. Während seiner Regierungszeit erreichte die griechische Kultur ihren Höhepunkt. Unter ihm wurde die Akropolis ausgeschmückt, die Flotte ausgebaut und Athen mit der 12 km langen Mauer versehen, die eine Verbindung mit Peiraieus und Phaleron herstellte. Mit dem Bildhauer Pheidias und dem Philosophen Anaxagoras verband ihn enge Freundschaft. Bekannt ist seine Liebesbeziehung zu der Hetäre Aspasia, die in Athen eine Schule für Rhetorik und Philosophie unterhielt und ihm einen unehelichen Sohn gebar. 429 v. Chr. ist Perikles an der Pest gestorben.

Perikles. Römische Kopie nach einem Original des Kresilas um 440 v. Chr. London, British Museum.

Große Physiker wie Werner Heisenberg und Erwin Schrödinger haben sich intensiv mit der griechischen Kultur beschäftigt und hieraus Anregung für die eigene Arbeit gezogen. Heisenberg sagt in seinem Buch „Der Teil und das Ganze":

*„Im praktischen Handeln sind andere Völker und andere Kulturkreise ebenso erfahren gewesen wie die Griechen. Das aber, was das griechische Denken vom ersten Augenblick an unterschieden hat vom Denken anderer Völker, war die Fähigkeit, eine gestellte Frage ins **Prinzipielle** zu wenden und damit zu Gesichtspunkten zu kommen, die das bunte Vielerlei von Erfahrung ordnen und dem menschlichen Denken zugänglich machen können... Wer sich mit der Philosophie der Griechen beschäftigt, der stößt auf Schritt und Tritt auf diese **Fähigkeit zur prinzipiellen Fragestellung**."*

Und gerade die Fähigkeit zur prinzipiellen Fragestellung machte Heisenberg zum Mitbegründer der Quantenmechanik.

Das goldene Zeitalter unter Perikles

Wir wissen heute, dass Ägypter und Babylonier Lehrmeister der Griechen waren. Deshalb wollen wir die griechische Antike nicht einseitig idealisieren. Aber das „griechische Wunder" bleibt doch bestehen. Wissenschaft wurde in Griechenland geboren. Die Griechen als Erste fragten und suchten, über die Ansammlung bloßen Erfahrungswissens hinaus, nach **allgemeinen Gesetzen** in und hinter den Erscheinungen. Sie als Erste suchten solches Wissen um der Wahrheit, **um des Wissens willen**. Ihr Denken war überwiegend rational und weltlich, relativ **frei von Aberglauben** und magischen Vorstellungen. Da eine Priesterkaste wie etwa in Ägypten fehlte, wurden die geistigen Erkenntnisse erstaunlich frei und öffentlich diskutiert.

Nachdem die griechische Freiheit durch den Sieg über die Perser, abgeschlossen etwa 480 v. Chr., gesichert war, blühte die griechische Kultur im sogenannten **Goldenen Zeitalter unter Perikles** auf. Die Regierungszeit von Perikles dauerte von 463 – 431 v. Chr., also gut 30 Jahre. So kann man sich vorstellen, dass zu dieser Zeit der Staatsmann Perikles, seine Lebensgefährtin Aspasia, der Bildhauer Pheidias, die Philosophen Anaxagoras, Sokrates, Demokritos und der berühmte Arzt Hippokrates zusammen im Dionysostheater einer Sophoklesaufführung beiwohnten – hier hatte Athen seinen sichtbaren kulturellen Höhepunkt erreicht.

Wir wollen jetzt exemplarisch die drei großen Persönlichkeiten *Anaxagoras*, *Hippokrates* und *Demokritos* kurz vorstellen und zeigen wie das Denken dieser Männer im perikleischen Zeitalter Magie und Aberglauben zurückgedrängt, ja überwunden hatte.

Anaxagoras (um 488 - 428 v. Chr.)

Anaxagoras verkehrte im Haus von *Perikles* und war einer der bedeutendsten griechischen Astronomen. *Anaxagoras* verwirft jegliches mythische und religiöse Element und erstrebt eine **vernünftige Erklärung**

aus natürlichen Ursachen. Als man dem *Perikles* einen Widder mit einem einzigen Horn auf der Stirn zuführte und dies als Wunder und göttliches Omen ansah, ließ *Anaxagoras* den Schädel des Tieres öffnen und zeigte, wie die Erscheinung aus natürlichen Ursachen entstanden war. Er vertrat die Auffassung, dass Himmelskörper ganz gewöhnliche, der Erde vergleichbare Klumpen von Materie seien, die nur durch die Rotation glühend geworden sind. Auch die Sonne, die im Volksglauben als göttlich galt, war nach *Anaxagoras* solch ein **„glühender Stein, größer als der Peloponnes"**. Dies wurde ihm als Gottlosigkeit ausgelegt, es kam zum Prozess. Er wurde zum Tode durch den Giftbecher verurteilt. Der Vollstreckung entzog er sich, indem er ins Exil ging.

Anaxagoras hat eine Theorie über die Entstehung des Kosmos aufgestellt: Am Anfang war ein ungeordneter Zustand, ein Chaos, in dem alle Dinge zusammen gemischt waren. Eine geistige Kraft, **Nous** genannt, durchdrang das Chaos und versetzte die Teilchen in wirbelnde, ordnende Bewegung. Im ganzen Weltprozess bleibt nach Anaxagoras die **Masse der Materie unverändert**. Dies erinnert stark an die Kant-Laplacesche Entstehungstheorie unseres Planetensystems.

Hippokrates (460 - 377 v. Chr.)

Hippokrates wurde 460 v. Chr. auf der Insel Kos als Sohn eines Arztes geboren. Er gewann einen solchen Ruf, dass Herrscher wie *Artaxerxes I.* von Persien zu seinen Patienten zählte. 430 ließ ihn Athen holen, damit er versuche, der großen Pest Einhalt zu gebieten. Er starb 377 v. Chr. im Alter von 83 Jahren.

Ein wichtiges Ereignis der griechischen Wissenschaft des **perikleischen** Zeitalters war auch das Aufkommen einer **Medizin nach den Grundsätzen der Vernunft**. Im Griechenland des 5. Jahrhunderts war die Medizin noch in hohem Maße mit Religion verquickt und die Krankenbehandlung wurde von den Tempelpriestern des Asklepios vollzogen. Die Therapie bestand in einer Mischung aus empirischer Medizin mit rituellen Zauberhandlungen, die die Einbildungskraft des Patienten ansprachen. **Die historische Bedeutung des Hippokrates und seiner Schüler war die Befreiung der Medizin von Magie und Philosophie.** Der Aufsatz „Die heilige Krankheit" wendet sich eindeutig gegen die Theorie, die Krankheiten kämen von den Göttern; alle Krankheiten – so *Hippokrates* – haben natürliche Ursachen. Auch die Epilepsie, die das Volk der Besessenheit durch einen Dämon zuschrieb, ist davon nicht ausgenommen: "Nach meiner Ansicht" – so sagt *Hippokrates* – „ist diese Krankheit in keiner Beziehung göttlicher als die übrigen Krankheiten, sondern sie hat wie die anderen Krankheiten ein natürliches Wesen und eine natürliche Ursache, aus der sich das Einzelne entwickelt".

Hippokrates Denken war typisch für das **perikleische** Zeitalter: phantasiereich, aber realistisch, jeder Geheimnistuerei abgeneigt und der Mythen müde, den Wert der Religion anerkennend, aber darum kämpfend, die **Welt auf vernunftgemäßer Grundlage zu erkennen**. Hippokrates verficht mit allem Nachdruck, dass Magie und philosophische Theorien in der Medizin keinen Platz hätten und dass die Behandlung aufgrund sorgfältiger Beobachtungen und Aufzeichnungen erfolgen müsse. *Hippokrates* hob den Ärzteberuf auf einen höheren Stand. Berühmt ist der **hippokratische Eid**, der heute noch die Ethik der Medizin festlegt.

Die Atomlehre von Leukipp und Demokrit

Als Begründer des atomistischen Weltbildes sind der griechische Philosoph *Leukipp* von Milet (um 450 v. Chr.) und sein Schüler *Demokrit* von Abdera (um 460 - 370 v. Chr.) zu betrachten.

Leukipp hat klar ausgesprochen, dass alle Stoffe aus einzelnen, voneinander abgegrenzten Teilchen, den **Atomen**, bestehen, zwischen denen sich nichts als der **leere Raum** befindet. Diese letzten, unteilbaren Bausteine alles Seienden sind alle aus dem gleichen Urstoff gebildet und unterscheiden sich nur durch ihre Gestalt und Größe; hierdurch sowie durch ihre verschiedene Lage und Anordnung sollte nach *Leukipp* die ganze Vielgestaltigkeit und Buntheit der Wirklichkeit zustande kommen.

Demokrit ging noch einen Schritt weiter, indem er annahm, dass die Atome sich im leeren Raum bewegen. Sie können dabei zusammenstoßen, sich vereinigen und sich auch wieder voneinander trennen, wobei bei allen diesen Veränderungen die Atome selbst stets erhalten bleiben.

Die Atome und der leere Raum sind für *Demokrit* das Unzerstörbare; die Mannigfaltigkeit der Weltdinge und ihre Veränderungen kommen durch Verbindung und Trennung der Atome zustande, wobei die Bewegungen und Umlagerungen nach **mechanisch - kausalen Gesetzen** erfolgen sollen. Damit taucht zum ersten Male der für die spätere Naturforschung des Abendlandes entscheidend wichtige Gedanke auf, dass **in der Natur nichts Willkürliches** geschieht, **sondern sich alles mit Notwendigkeit** vollzieht.

Es wurde von *Demokrit* gleichzeitig schon darauf hingewiesen, dass der Mensch nicht in der Lage ist, die Atome in ihrer wirklichen Beschaffenheit zu erkennen, sondern dass er nur ihre Wirkungen in getrübter Weise zu empfinden vermag. „Wir bezeichnen dem Herkommen entsprechend süß als süß, bitter als bitter, heiß als heiß, kalt als kalt und farbig als farbig. In Wirklichkeit gibt es aber nur die Atome und den leeren Raum, d.h., die Objekte unserer sinnlichen Wahrnehmungen werden für wirklich gehalten, und es ist üblich, sie als wirklich anzusehen, doch sind sie es in Wahrheit gar nicht. **Nur die Atome und der leere Raum sind wirklich.**" Diese bei *Demokrit* zum ersten Male anklingende Auffassung, dass alle unmittelbare Wahrnehmung der menschlichen Sinne nur Schein ist und dass in Wirklichkeit nichts existiert als die geometrische Gestalt und die gesetzmäßig geregelte Bewegung der Atome, verdient festgehalten zu werden, weil sie später als Grundlage des mechanistischen Weltbildes ihre weitere Ausgestaltung erfahren hat.

Im Laufe der folgenden Entwicklung ging die Atomvorstellung wieder weitgehend verloren. Sie wurde zwar später von *Epikur* (341 - 271 v. Chr.) noch einmal aufgegriffen, und auch *Lukrez* (98 - 55 v. Chr.) hat die Vorstellung von der atomistischen Naturgesetzlichkeit in seinem Lehrgedicht „De rerum natura" auf alle Gebiete des damaligen Naturwissens angewandt, aber im gesamten geistigen Leben herrschten doch die Gedanken des *Aristoteles* vor, in deren Bereich der Atomismus keinen Platz hatte. Das gleiche gilt für das Mittelalter, in dem man im Anschluss an *Aristoteles* den **Zweck** des Naturgeschehens in den Mittelpunkt stellte und die Welt aus einer inneren Harmonie heraus zu verstehen suchte. Mit dem **Studium der Antike in der Renaissance** sind dann auch die Lehren von *Demokrit* erneut in das Blickfeld der Wissenschaft geraten. Es ist vor allem das Verdienst von *P. Gassendi* (1592 – 1655), die antike Atomistik zu neuem Leben erweckt zu haben.

Allerdings muss klar gesehen werden, dass es sich bei der Atomlehre *Demokrits* zunächst um eine **reine Spekulation** handelte, die nicht durch das Experiment abgesichert war.

Überhaupt hatten die Griechen – *Archimedes* war eine große Ausnahme – ein gestörtes Verhältnis zum Experiment. Es lässt sich geradezu eine Skala der wissenschaftlichen Erfolge der Griechen aufstellen, geordnet nach der größeren oder geringeren Nähe des Gebietes zu der verachteten körperlichen Arbeit, die von Sklaven verrichtet wurde. Die Erfolge sind gewaltig überall da, wo mit **reinem Denken** und Diskussion gearbeitet werden konnte. So haben die Griechen in der **Mathematik und in der Philosophie** das Größte geleistet. Nachzusinnen über einen geometrischen Beweis, über die Rätsel des Daseins, über die richtige Lebensführung oder die Einrichtung des Staates – das war eines freien Mannes wohl würdig. Aber die exakte Einzelbeobachtung, die Herstellung von Werkzeugen, Apparaten, Messvorrichtungen wie sie in der Physik und Chemie Voraussetzung sind – das war nicht Sache der Griechen, dies ähnelte zu sehr der Arbeit eines Handwerkers. Deswegen entstand die eigentliche Naturwissenschaft erst im **Europa der Renaissance** und der Italiener **Galileo Galilei** (1564 - 1642 n. Chr.) darf als ihr eigentlicher Begründer angesehen werden. Er verband das **prinzipielle Denken der Griechen systematisch mit dem Experiment**.

Doch zurück zu *Demokrit*. Von ihm stammt der berühmte Satz: „Ich entdeckte lieber einen einzigen geometrischen Beweis, als dass ich den Thron Persiens gewänne". Er gab einige gute Ratschläge: „Der Weise wird das Denken pflegen, sich von Leidenschaft, Aberglauben und Furcht freimachen und in der Betrachtung und dem Verstehen die bescheidene Glückseligkeit suchen, die dem menschlichen Leben zugänglich ist. Man muss sich daran gewöhnen, aus sich selbst die Freude zu schöpfen." Oder: „Körperkraft ist nur bei Lasttieren edel, Seelenstärke ist der Adel des Menschen".

Auch der Glaube an die **Mathematisierbarkeit allen Naturgeschehens** schlug zuerst im alten Griechenland feste Wurzeln und ist heute zum Markenzeichen der exakten Naturwissenschaft geworden. Das folgende Beispiel wird das veranschaulichen.

Abb. 50: Athenische Münzen zur Zeit des Perikles. Die Vorderseite zeigt den Kopf der Pallas Athene, Schutzgöttin von Athen. Eule und Schlange waren ihre heiligen Tiere.

Der Glaube an die Mathematisierbarkeit des Naturgeschehens am Beispiel Pythagoras – Balmer – Bohr

Der philosophisch gebildete Leser wird bei diesem Thema sofort an die pythagoreische Schule (500 v. Chr.) und an die Ideenlehre des griechischen Philosophen Plato (427 – 347 v. Chr.) denken. Bei Pythagoras und Plato war nicht ein sinnlicher Urstoff – wie das Wasser bei Thales – sondern eine **Zahlenrelation, eine mathematische Struktur, ein Ur-Gesetz, ein ideelles Formprinzip der Urgrund alles Seienden.** Damit war bereits vor 2 500 Jahren ein Grundgedanke ausgesprochen, der später das Fundament aller exakten Naturwissenschaft bilden sollte.

In diesem Sinne können wir **Pythagoras** als den Ur-Vater der theoretischen Physik ansehen. Dazu sagt Werner Heisenberg: „Die pythagoreische Entdeckung gehört zu den stärksten Impulsen menschlicher Wissenschaft... wenn in einer musikalischen Harmonie... die mathematische Struktur als Wesenskern erkannt wird, so muss auch die sinnvolle Ordnung der uns umgebenden Natur ihren Grund in dem **mathematischen Kern** der Naturgesetze haben".

Pythagoras hatte die Beobachtung gemacht, wie die verschiedenen Töne in der Musik je in einem bestimmten Verhältnis zur Saitenlänge stehen und besonders die **Harmonie der Töne durch feste, zahlenmäßige Verhältnisse** charakterisiert ist. Er hat diese Erkenntnis dann auf das gesamte Sein übertragen. „Nach den Pythagoreern", so sagt Aristoteles, „ist das ganze Himmelsgebäude Harmonie und Zahl". Genauso dachte auch der große deutsche Astronom Johannes Kepler.

Pythagoras wurde 570 v. Chr. auf der Insel Samos geboren, emigrierte etwa 40-jährig nach Kroton in Unteritalien, wo er seine Haupttätigkeit entfaltete. Hier sammelte er einen Kreis von Schülern um sich. Dieser Bund oder Orden war philosophisch – wissenschaftlich und religiös – ethisch ausgerichtet mit stark asketischem Einschlag. Schwerpunkte waren Philosophie, Musik, Arithmetik, Geometrie, Astronomie und Medizin. Die Pythagoreer sahen in der Beschäftigung mit der Mathematik und Philosophie die Möglichkeit den Menschen zu entsinnlichen und zu vergeistigen, die Pflege der Musik sollte den Menschen harmonisch formen und die Gymnastik sollte den Leib in die Zucht des Geistes nehmen. Uns allen ist Pythagoras durch die Relation $a^2 + b^2 = c^2$ für das rechtwinklige Dreieck bekannt. Aber Pythagoras hat – ähnlich wie Sokrates – selbst nichts Schriftliches hinterlassen. Das haben seine Schüler getan. Die Pythagoreer glaubten an die Seelenwanderung und pflegten das Ideal der Freundschaft und das Ideal der Verbrüderung aller Menschen.

Wir wollen jetzt einen Zeitsprung in das 19. Jahrhundert zu **Johann Jakob Balmer** (1825 – 1898) machen. Er war ein Schweizer Physiker und Mathematiker und unterrichtete an der höheren Töchterschule in Basel. Was verbindet ihn geistig eng mit Pythagoras?

Balmer war fasziniert vom **Linienspektrum des Wasserstoffatoms** (Abb. 51). Der Schwede Anders Jonas Ångström hatte 1866 die Wellenlängen für eine Serie von Spektrallinien des Elementes Wasserstoff experimentell bestimmt, die im sichtbaren Bereich liegen. Balmer nahm sich die ersten vier Linien dieses Wasserstoffspektrums vor, die man mit **H$_\alpha$, H$_\beta$, H$_\gamma$ und H$_\delta$** bezeichnet. Die drei ersten liegen im sichtbaren Bereich, die vierte im äußersten violetten Teil des Spektrums.

Balmer war fest davon überzeugt, dass die einzelnen Linien einer **mathematischen Gesetzmäßigkeit** unterliegen müssen – hier war er ganz und gar ein geistiger Nachfolger von Pythagoras.

Nach vielen Jahren des Probierens und nach vielen vergeblichen Ansätzen fand Balmer im Jahr 1885 eine Gleichung, aus der sich in der Tat die H$_\alpha$, H$_\beta$, H$_\gamma$, H$_\delta$ berechnen ließen. Diese auf **rein empirischem** Wege gefundene Gleichung lautet:

$$\lambda = C \cdot \frac{m^2}{m^2 - 2^2}$$

mit der Konstanten C = 3 645,6 ·10^{-10} m und für m = 3, 4, 5, 6.....

Zu Ehren seines Entdeckers wird diese Serie von Spektrallinien **Balmer-Serie** genannt.

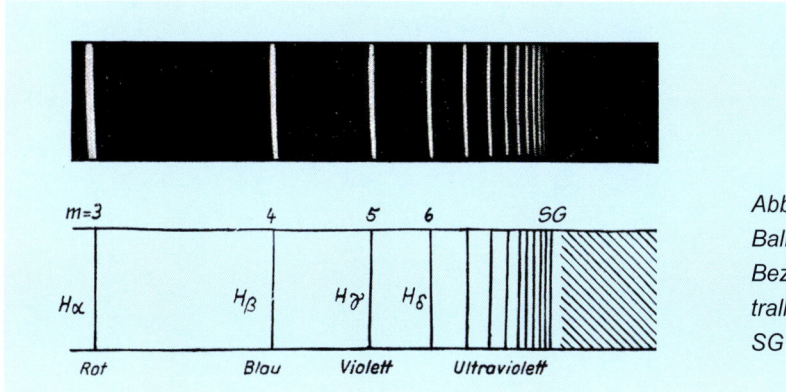

Abb. 51:
Balmer-Serie des Wasserstoffs und Bezeichnung der ersten vier Spektrallinien.
SG = Seriengrenze für m → ∞

Wir wollen die Balmer-Wellenlängen ausrechnen:

$\lambda = 3645{,}6 \cdot \dfrac{m^2}{m^2 - 2^2}$ Å wobei 1 Å = 10^{-10} m.

m = 3 → H$_\alpha$ $\lambda_{H_\alpha} = 3645{,}6 \cdot \dfrac{9}{9 - 4}$ Å = **6562,08 Å**   rot

m = 4 → H$_\beta$ $\lambda_{H_\beta} = 3645{,}6 \cdot \dfrac{16}{16 - 4}$ Å = **4860,80 Å**   blau

m = 5 → H$_\gamma$ $\lambda_{H_\gamma} = 3645{,}6 \cdot \dfrac{25}{25 - 4}$ Å = **4340 Å**   violett

m = 6 → H$_\delta$ $\lambda_{H_\delta} = 3645{,}6 \cdot \dfrac{36}{36 - 4}$ Å = **4101,3 Å**   violett

.   .
.   .
.   .

m → ∞ $\lambda_\infty = 3645{,}6 \cdot 1$Å = **3645,6 Å**   sog. Seriengrenze für m → ∞

Denn mathematisch ist $\lim\limits_{m \to \infty} \dfrac{m^2}{m^2 - 4} = \lim\limits_{m \to \infty} \dfrac{1}{1 - \dfrac{4}{m^2}} = 1$

Erst der Däne **Niels Bohr** konnte 1913 – also 28 Jahre später – durch sein Atommodell die Formel von Balmer begründen und die Konstante C in der Balmer-Formel auf die Naturkonstanten ε_0, h, c, m_e, e zurückführen. Dies wollen wir jetzt nachvollziehen. Dazu schreiben wir die Balmer-Formel etwas um:

$$\lambda = C \cdot \frac{m^2}{m^2 - 2^2} \;\rightarrow\; \frac{1}{\lambda} = \frac{1}{C} \cdot \frac{m^2 - 2^2}{m^2} \;\rightarrow\; \frac{1}{\lambda} = \frac{1}{C}\left(1 - \frac{2^2}{m^2}\right)$$

$$\frac{1}{\lambda} = \frac{4}{C} \cdot \left(\frac{1}{2^2} - \frac{1}{m^2}\right) \text{ für } m = 3, 4, 5, 6, \dots$$

Nun haben wir auf Seite 66 die Formel

$$h\nu = \frac{h \cdot c}{\lambda} = \frac{1}{8} \cdot \frac{m_e e^4}{\varepsilon_0{}^2 h^2}\left(\frac{1}{2^2} - \frac{1}{m^2}\right) \text{ für } m = 3, 4, 5, 6, \dots$$

aus dem Bohrschen Atommodell für die Balmer-Serie hergeleitet.

Ein Vergleich ergibt: $\dfrac{4}{C} = \dfrac{1}{8}\dfrac{m_e e^4}{\varepsilon_0{}^2 h^3 c}$

Also **$C = \dfrac{32 \cdot \varepsilon_0{}^2 h^3 c}{m_e e^4}$** Man zeigt leicht, dass C die Dimension von Metern hat:

$$\frac{Cb^4 \cdot N^3 \, m^3 \, sec^3 \, m}{N^2 \, m^4 \cdot kg \cdot Cb^4 \cdot sec} = \frac{N \cdot sec^2}{kg} = \frac{kg \cdot m \cdot sec^2}{sec^2 \cdot kg} = m$$

Die Zurückführung der zunächst nur empirisch bestimmten Balmer-Konstante C auf die **universalen Naturkonstanten** m_e, e, ε_0, h, c zählt zu den großen Leistungen des menschlichen Geistes und ist ein Beispiel für die geniale Intuition der Pythagoreer von der Zahlenharmonie im Naturgeschehen.

Der deutsche Physiker **Arnold Sommerfeld** schreibt im Vorwort seines Werkes „Atombau und Spektrallinien": „Was wir heutzutage aus der Sprache der Spektren heraus hören, ist eine wirkliche Sphärenmusik des Atoms, ein Zusammenklingen ganzzahliger Verhältnisse, eine bei aller Mannigfaltigkeit zunehmende Ordnung und Harmonie..."
Das ist Pythagoras pur! Mit diesem schönen Satz Sommerfelds beenden wir unseren kurzen Ausflug in die griechische Naturgeschichte.

In der Quantenmechanik lassen sich nur das Wasserstoffatom, der harmonische Oszillator und einfache Potentialtöpfe streng lösen. Bereits die quantenmechanische Behandlung des H_2 – Moleküls oder des He-Atoms ist mathematisch sehr verwickelt und man muss zu aufwendigen Näherungsverfahren greifen. Daher sollen im folgenden nur ein paar ganz elementare Rechenbeispiele aus der Bohrschen Quantentheorie präsentiert werden, die vor allem den Leser im Umgang mit den physikalischen Einheiten vertraut machen und ihm ein Gefühl für Größenordnungen vermitteln. Lediglich Beispiel 14 macht eine Ausnahme.

Fotoeffekt

1 Auf Seite 10 haben wir ausgeführt, dass bei sehr geringen Lichtintensitäten **sofort** bei Beginn der Belichtung Elektronen aus dem Metall ausgelöst werden wenn die Frequenz des Lichtes hinreichend groß ist. Nach dem Wellenmodell ist das nicht verstehbar. Im folgenden soll daher die klassisch erwartete, jedoch experimentell nicht beobachtete Zeitverzögerung beim Fotoeffekt abgeschätzt werden. Die Intensität S der einfallenden Strahlung betrage 0,01 W / m^2.

a) Berechne die pro Sekunde auf ein Atom mit der Fläche 0,01nm^2 fallende Energie (Skizze).
b) Wie lange dauert es, bis eine der Austrittsarbeit von 2 eV entsprechende Energie auf das Atom gefallen ist?

$$S = 0,01 \frac{W}{m^2} = 0,01 \frac{Joule}{sec \cdot m^2}$$

F = 0,01 nm²
0,1 nm
0,1 nm

Zu a) Es gilt die Relation: Energie E = S F t. Werte eingesetzt:

$$E = 0,01 \frac{Joule}{sec \; m^2} \cdot 0.01 \cdot 10^{-18} m^2 \cdot 1 sec = \mathbf{10^{-22}} \textbf{ Joule}$$

Auf das Atom fällt pro Sekunde eine Energie von 10^{-22} Joule.

Zu b) Wir lösen die Gleichung E = S F t nach t auf:

$$t = \frac{E}{S \cdot F} \quad \text{also} \quad t = \frac{2 \; eV \; sec \; m^2}{0,01 \; Joule \cdot 0,01 \cdot 10^{-18} m^2} = \frac{2 \cdot 1,6 \cdot 10^{-19} Joule \cdot sec \; m^2}{10^{-22} Joule \cdot m^2} = 3200 \; sec = \textbf{53,3 min.}$$

Das Atom bräuchte 53,3 Minuten bis es die Energie von 2 eV gesammelt hätte. Das Experiment zeigt aber den **sofortigen** Austritt der Elektronen aus der Metalloberfläche was klassisch nach dem Wellenmodell nicht zu erklären ist.

Spektren

2 In einem Wasserstoffatom befinde sich das Elektron zunächst im Zustand n = 2. Es sende dann ein Photon aus und gehe in den Grundzustand n = 1 über. Durch Aussendung des Photons erhält nach dem **Impulserhaltungssatz** das H - Atom einen Rückstoß. Berechne die kinetische Energie des H - Atoms aufgrund dieses Rückstoßes. Die Ruhmasse des H - Atoms beträgt $m_H = 1{,}673 \cdot 10^{-27}$ kg.

Zunächst berechnen wir die Energie des emittierten Photons. Nach Seite 66 ist

$$E_{2 \rightarrow 1} = h\nu = 13{,}6 \ eV \ \left(1 - \frac{1}{4}\right) = \mathbf{10{,}2 \ eV}$$

Das Photon trägt den Impuls $\dfrac{h\nu}{c} = \dfrac{E}{c}$ fort. Genau diesen Impuls mit umgekehrtem Vorzeichen muss das H – Atom aufnehmen, denn der Gesamtimpuls des Systems Wasserstoffatom – Photon muss Null bleiben. Also $m_H \cdot v_H = \dfrac{E}{c}$. Werte eingesetzt:

$$1{,}673 \cdot 10^{-27} kg \cdot v_H = \frac{10{,}2 \cdot 1{,}6 \cdot 10^{-19} \ Joule \cdot \sec}{3 \cdot 10^8 \ m} = 5{,}44 \cdot 10^{-27} \ kg \ \frac{m^2}{\sec^2} \cdot \frac{\sec}{m}$$

$$v_H = \frac{5{,}44}{1{,}673} \frac{m}{\sec} = \mathbf{3{,}25} \ \frac{m}{\sec} \quad \text{Die Rückstoßgeschwindigkeit des H – Atoms beträgt } 3{,}25 \ \frac{m}{\sec} \ .$$

Die kinetische Energie ergibt sich also zu

$$E_{kin} = \frac{1}{2} m_H v_H^{\ 2} = \frac{1}{2} \ 1{,}673 \cdot 10^{-27} kg \cdot 3{,}25^2 \ \frac{m^2}{\sec^2} = 8{,}8355 \cdot 10^{-27} \ Joule = 8{,}8355 \cdot 10^{-27} \cdot \frac{10^{19}}{1{,}6} \ eV = \mathbf{5{,}52 \cdot 10^{-8} \ eV}$$

Dieser Wert von $5{,}52 \cdot 10^{-8}$ eV ist **sehr klein** gegenüber der Energie des Photons von 10,2 eV. Die Rückstoßenergie des H – Atoms kann daher vernachlässigt werden. Eine Korrektur der Photonenenergie um die Rückstoßenergie des H – Atoms ist also **nicht** notwendig.

Nachstehende Skizze veranschaulicht noch einmal den physikalischen Sachverhalt:

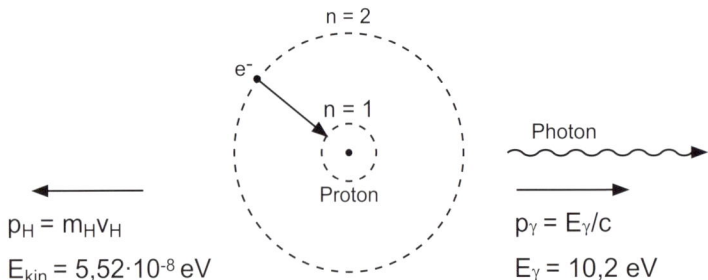

Alle Übergänge zum niedrigsten Niveau n = 1 bilden die Lyman – Serie. Es handelt sich hier also um die **energieärmste** Linie der Lyman – Serie. Diese liegt bereits im ultravioletten Bereich, da

$$\lambda_{2 \to 1} = \frac{hc}{E} = \frac{6{,}625 \cdot 10^{-34} \cdot 3 \cdot 10^{8}}{10{,}2 \cdot 1{,}6 \cdot 10^{-19}} m = \mathbf{1218\ Å}$$

3 Berechne die Energie und die Wellenlänge der Linie mit der kürzesten Wellenlänge der Paschen-Serie (alle Elektronensprünge auf n = 3).

Nach Seite 66 gilt: $\Delta E = h \nu = \dfrac{h \cdot c}{\lambda} = 13{,}6\ eV \left(\dfrac{1}{n^2} - \dfrac{1}{m^2} \right)$ für m > n

Bei der Paschen-Serie enden alle Übergänge im Niveau mit n = 3. Die kürzeste Wellenlänge entspricht der höchsten Energie, also dem Übergang von m = ∞ zu n = 3.

$$\Delta E_{\infty \to 3} = 13{,}6\ eV \left(\frac{1}{3^2} - 0 \right) = \frac{13{,}6\ eV}{9} = \mathbf{1{,}51\ eV.} \qquad \text{Die Wellenlänge beträgt } h\nu = \frac{h \cdot c}{\lambda} = 1{,}51\ eV$$

$$\to \quad \lambda_{\infty \to 3} = \frac{h \cdot c}{1{,}51\ eV} = \frac{6{,}625 \cdot 10^{-34}\ Joule \cdot sec \cdot 3 \cdot 10^{8}\ m}{1{,}51 \cdot 1{,}6 \cdot 10^{-19}\ Joule \cdot sec} = 822{,}6 \cdot 10^{-9}\ m = \mathbf{822.6\ nm} = 8226\ Å$$

Diese Linie liegt also im Ultrarot-Bereich.

4 Eine Röntgenröhre werde mit der Beschleunigungsspannung 460 kV betrieben. Wie groß ist die minimale Wellenlänge im kontinuierlichen Spektrum der Röhre? Es gilt $h\nu = \dfrac{h \cdot c}{\lambda} = 460 \cdot 10^{3}\ eV$.

$$\lambda = \frac{h \cdot c}{460 \cdot 10^{3}\ eV} = \frac{6{,}625 \cdot 10^{-34}\ Joule \cdot sec \cdot 3 \cdot 10^{8}\ m}{460 \cdot 10^{3} \cdot 1{,}6 \cdot 10^{-19}\ Joule \cdot sec} = 0{,}027 \cdot 10^{-10}\ m = \mathbf{2{,}7\ pm} = 0{,}027\ Å$$

Die kleinste Wellenlänge im Röntgenspektrum beträgt hier 2,7 pm.

5 In einem Lithiumchlorid – Kristall beträgt die Distanz zwischen den Li^{+} - und den Cl^{-} – Ionen etwa 0,257 nm. Berechne die Energie, die ein Elektron besitzen muss, um eine Wellenlänge, die gleich diesem Abstand ist, zu haben. Die Energie des Elektrons ist: $E = \dfrac{1}{2} m v^2 = \dfrac{p^2}{2m} \quad \to \quad p = \sqrt{2mE}$

Nach de Broglie gilt: $\lambda = \dfrac{h}{p} = \dfrac{h}{\sqrt{2mE}} \quad \to \quad \lambda^2 = \dfrac{h^2}{2mE} \quad \to \quad E = \dfrac{h^2}{2m\lambda^2}$

Werte eingesetzt: $E = \dfrac{6{,}625^2 \cdot 10^{-68}}{2 \cdot 9{,}1 \cdot 10^{-31} \cdot 0{,}257^2 \cdot 10^{-18}}$ Joule $= \dfrac{43{,}89 \cdot 10^{-19} \cdot 10^{19}}{1{,}202 \cdot 1{,}6}\ eV = \mathbf{22{,}82\ eV}$

Die Energie der Elektronen muss 22,82 eV betragen.

6 Wie groß ist die Gesamtenergie = Ionisierungsenergie des Elektrons im Grundzustand des Wasserstoffatoms, des He^{+} - Ions und des Li^{++} - Ions?

Auf Seite 66 haben wir für das Wasserstoffatom für $E_1 = -\dfrac{1}{8} \dfrac{me^4}{\varepsilon_0^2 h^2} = \mathbf{-\ 13{,}6\ eV}$ gefunden.

He^{+} ist ein wasserstoffähnliches Teilchen mit nur einem Elektron, aber mit der Kernladungszahl Z = 2.

Die Gesamtenergie des Elektrons im Grundzustand von He$^+$ beträgt daher

$E_1 = -\dfrac{1}{8}\dfrac{mZ^2e^4}{\varepsilon_0^2 h^2} = -Z^2 \cdot 13{,}6 \ eV = -4 \cdot 13{,}6 \ eV = $ **- 54,4 eV**

Für das Li^{++} - Ion ist Z = 3, d.h. die Gesamtenergie des Elektrons im Grundzustand beträgt

$E_1 = -Z^2 \cdot 13{,}6 \ eV = -9 \cdot 13{,}6 \ eV = $ **- 122,4 eV**

7 In einem Leichtwasserreaktor dient Wasser als Moderator, d.h. die bei der Kernspaltung von U 235 entstehenden, schnellen Neutronen (etwa 1 MeV) werden durch Zusammenstöße mit den H_2O-Molekülen auf niedrige Energie, etwa 0,025 eV, abgebremst. Bei dieser niedrigen Neutronenenergie verläuft die Spaltung der U 235 Kerne mit besserer Ausbeute. Berechne die de Broglie-Wellenlänge eines solchen thermischen Neutrons mit der kinetischen Energie von 0.025 eV, wobei mc^2 = 940 MeV die Ruhenergie des Neutrons ist.

Es ist: $E = \dfrac{p^2}{2m} \ \rightarrow \ p = \sqrt{2mE}$ und $\lambda = \dfrac{h}{p} = \dfrac{h \cdot c}{p \cdot c} = \dfrac{h \cdot c}{\sqrt{2mc^2 E}}$ wobei E = 0,025 $\cdot$ 10^{-6} MeV

Also $\lambda = \dfrac{6{,}625 \cdot 10^{-34} \ Joule \cdot sec \cdot 3 \cdot 10^8 \ m}{\sqrt{2 \cdot 940 \cdot 0{,}025 \cdot 10^{-6}} \ 1{,}6 \cdot 10^{-13} \ Joule \cdot sec} = \dfrac{19{,}875 \cdot 10^{-26}}{10{,}969 \cdot 10^{-16}} \ m = 1{,}81 \cdot 10^{-10} \ m = $ **1,81 Å**

Die de Broglie-Wellenlänge des thermischen Neutrons beträgt 1,81 Å.

Klassisch oder relativistisch?

8 Auf Seite 18 hatten wir für 36 kV – Elektronen die de Broglie-Wellenlänge zu 0,06 Å bestimmt. Dabei hatten wir klassisch gerechnet, d.h. wir haben die Elektronenmasse als konstant vorausgesetzt. Zu diesem Rechenbeispiel rief mich ein Physiklehrer an und meinte, hier müsse man relativistisch rechnen, der klassische Ansatz sei falsch. Hat der Physiklehrer recht?

Relativistisch sieht die Rechnung so aus: $\lambda = \dfrac{h}{p}$ und $p = m_0 \ v \Big/ \sqrt{1 - \dfrac{v^2}{c^2}}$

Auf Seite 11 haben wir die relativistisch korrekte Relation zwischen der Gesamtenergie E, der Ruhenergie E_0 und dem relativistischen Impuls p eines Teilchens hergeleitet:

$E^2 = E_0^2 + p^2 c^2 \ \rightarrow \ p = \dfrac{\sqrt{E^2 - E_0^2}}{c}$ Also: $\lambda = \dfrac{h}{p} = \dfrac{h \cdot c}{\sqrt{E^2 - E_0^2}}$ Es ist:

E_0 = Ruhenergie des Elektrons = 0,511 MeV

E = Gesamtenergie = $E_0 + E_{kin}$ = 0,511 MeV + 36 000 eV = 0,511 MeV + 0,036 MeV = 0,547 MeV

1 MeV = 10^6 $\cdot$ 1,6 $\cdot$ 10^{-19} Joule = 1,6 $\cdot$ 10^{-13} Joule.

Werte eingesetzt :

$\lambda = \dfrac{6{,}625 \cdot 10^{-34} \ Joule \cdot sec \cdot 3 \cdot 10^8 \ m}{\sqrt{0{,}547^2 - 0{,}511^2} \ MeV \cdot sec} = \dfrac{19{,}875 \cdot 10^{-26} \ Joule \cdot sec \cdot m}{0{,}19516 \cdot 1{,}6 \cdot 10^{-13} \ Joule \cdot sec} = 63{,}6 \cdot 10^{-13} \ m = 0{,}064 \ Å \approx $ **0,06 Å**

Praktisch führt hier also die relativistische Rechnung zum **gleichen** Ergebnis wie die klassische. Allerdings muss für Elektronen mit einer kinetischen Energie größer 40 keV relativistisch gerechnet werden.

Man sieht sofort, dass für $E_{kin} \ll E_0$ die relativistische Formel in die klassische von Beispiel 7 übergeht. Denn unter Beachtung der Relation $E = E_0 + E_{kin}$ ergibt sich:

$$\lambda_{relativistisch} = \frac{h \cdot c}{\sqrt{E^2 - E_0^{\,2}}} = \frac{h \cdot c}{\sqrt{(E + E_0)(E - E_0)}} \approx \frac{h \cdot c}{\sqrt{2 E_0 \cdot E_{kin}}} = \lambda_{klassisch}$$

Dies ist ein schönes Beispiel für das auf Seite 64 beschriebene Inklusionsprinzip der Physik.

Empfindlichkeit des menschlichen Auges

9 Eine 100-W-Quelle emittiere Licht der Wellenlänge λ = 600 nm gleichförmig in alle Richtungen. Das menschliche Auge ist in der Lage, dieses Licht zu erkennen, wenn nur 10 000 Photonen pro Sekunde das dunkeladaptierte Auge (Irisdurchmesser 7 mm) treffen. Wie weit darf die Lichtquelle entfernt sein, damit man sie noch sehen kann?

Die Leistung der Lichtquelle beträgt L = 100 W = 100 Joule / sec. Ein Photon der Wellenlänge λ hat die Energie $E = h\nu = \dfrac{h \cdot c}{\lambda}$ Joule. Die Lichtquelle sendet also pro Sekunde $\dfrac{L}{E} = \dfrac{L \cdot \lambda}{h \cdot c}$ Photonen aus. Da diese sich gleichmäßig über den Raum verteilen, also einer Kugelsymmetrie folgen, beträgt der Photonenstrom pro Flächeneinheit in der Entfernung R von der Lichtquelle $\dfrac{L \cdot \lambda}{h \cdot c \cdot 4\pi \, R^2} \left[\dfrac{Photonen}{m^2 \cdot sec}\right]$

Auf die kreisförmige Irisfläche des Auges mit r = 3,5 mm müssen mindestens n = 10 000 Photonen pro Sekunde auftreffen, d.h. der Photonenstrom pro Flächeneinheit muss $\dfrac{n}{\pi \, r^2} \left[\dfrac{Photonen}{m^2 \cdot sec}\right]$ betragen.

Gleichsetzen der Photonenströme pro Flächeneinheit ergibt:

$$\frac{L \cdot \lambda}{h \cdot c \cdot 4\pi \, R^2} = \frac{n}{\pi \, r^2} \quad \rightarrow \quad R^2 = \frac{L \cdot \lambda \, \pi \, r^2}{h \cdot c \cdot 4\pi \, n} \quad \rightarrow \quad R = \frac{r}{2}\sqrt{\frac{L \cdot \lambda}{h \cdot c \cdot n}}$$

Werte eingesetzt: $R = \dfrac{3,5}{2} 10^{-3}\, m \sqrt{\dfrac{100 \; Joule \;\; 600 \cdot 10^{-9}\, m \;\; sec \;\; sec}{sec \;\; 6,625 \cdot 10^{-34} \; Joule \cdot sec \;\; 3 \cdot 10^{8} \cdot m \;\; 10\,000}} =$ **304 km**

Die Distanz darf rund 300 km betragen.

Bohrsches Korrespondenzprinzip 1917

10 Für sehr große Quantenzahlen n stimmt die Frequenz der emittierten Lichtquanten beim Wasserstoffatom mit der Frequenz der Elektronenbewegung überein. Oder anders gesagt: Der vom Planckschen h beherrschte Strahlungsmechanismus enthält das **klassische Bild eines strahlenden Hertzschen Dipols als Grenzfall für sehr große Quantenzahlen**. Diese Tatsache hat Niels Bohr mit seinem feinen physikalischen Einfühlungsvermögen 1917 aufgespürt und wird deshalb als Bohrsches Korrespondenzprinzip bezeichnet. In Kurzfassung: $\nu_{quantentheoretisch} \xrightarrow{\quad sehr\ große\ n \quad} \nu_{klassisch}$

Zunächst erinnern wir an eine Tatsache aus der Schwingungslehre: Eine Kreisbewegung kann angesehen werden als zusammengesetzt aus zwei **zueinander senkrechten linearen Schwingungen** gleicher Schwingungsweite ($x_0 = y_0$) und gleicher Frequenz, deren Phasendifferenz $\pi / 2$ beträgt. In Formeln:

$x = x_0 \sin \omega t$ und $y = y_0 \sin (\omega t + \pi / 2) = x_0 \cos \omega t$.

Quadriert und addiert : $x^2 + y^2 = x_0^2 (\sin^2 \omega t + \cos^2 \omega t) = x_0^2 = r^2$.

Dies aber ist die Kreisgleichung mit $r = x_0$. Wir erhalten als Ergebnis: Ein mit der Frequenz v auf einer Kreisbahn umlaufendes Elektron kann nach der klassischen Physik durch einen Hertzschen Dipol ersetzt werden, der mit v schwingt.

Berechnung der Umlauffrequenz v klassisch des Elektrons

Die klassische Umlauffrequenz ergibt sich zu $v_{kl} = \dfrac{v}{2\pi \, a_n}$ mit $a_n = a_1 \, n^2$ und der Bohrschen Bedin-

gung Impuls x Bahnlänge = n h, also $m \, v \, 2 \, \pi \, a_n = n \, h$ $\rightarrow$ $v = \dfrac{n \cdot h}{2\pi \, m \cdot a_n}$

$$v_{klassisch} = \frac{n \cdot h}{2\pi \, a_n 2\pi \, m \cdot a_n} = \frac{n \cdot h}{4\pi^2 \cdot m \cdot a_n^2} = \frac{n \cdot h}{4\pi^2 \cdot m \cdot a_1^2 \cdot n^4}$$ Nach Seite 55 ist $a_1^2 = \dfrac{\varepsilon_0^2 \cdot h^4}{\pi^2 m^2 e^4}$

$$v_{klassisch} = \frac{h\pi^2 \cdot m^2 e^4}{4\pi^2 \cdot m \cdot \varepsilon_0^2 \cdot h^4 \cdot n^3} = \frac{m \cdot e^4}{4\varepsilon_0^2 \cdot h^3 \cdot n^3}$$

Berechnung der Frequenz der Lichtquanten nach Bohr und Schrödinger

Nach Seite 66 ergibt sich $h \, v = \dfrac{1}{8} \dfrac{m \cdot e^4}{\varepsilon_0^2 h^2} \left(\dfrac{1}{n^2} - \dfrac{1}{m^2} \right)$ Wir wählen n >> 1 und m = n + 1

$$v_{quantentheoretisch} = \frac{1}{8} \frac{m \cdot e^4}{\varepsilon_0^2 h^3} \left(\frac{1}{n^2} - \frac{1}{(n+1)^2} \right).$$ Es ist $\dfrac{1}{n^2} - \dfrac{1}{(n+1)^2} = \dfrac{n^2 + 2n + 1 - n^2}{n^2 (n+1)^2} \approx \dfrac{2n}{n^4} = \dfrac{2}{n^3}$ für sehr große n.

$$v_{quantentheoretisch} = \frac{1}{8} \frac{m \cdot e^4}{\varepsilon_0^2 h^3} \cdot \frac{2}{n^3} = \frac{m \cdot e^4}{4\varepsilon_0^2 \cdot h^3 \cdot n^3}$$

Damit erhalten wir für sehr große Quantenzahlen n in der Tat v klassisch = v quantentheoretisch .

Für sehr große Quantenzahlen n ist die **Umlauffrequenz des Elektrons = Frequenz der Dipolstrahlung nach der klassischen Elektrodynamik = quantentheoretisch berechneten Frequenz.** Für sehr große Quantenzahlen geht die Quantenmechanik in die klassische Physik über. Das Bohrsche Korrespondenzprinzip ist ein weiteres Beispiel für das auf Seite 64 erwähnte Inklusionsprinzip, das in der Physik generell eine wichtige Rolle spielt.

Bohrscher Radius und Energieminimum

11 Das Wasserstoffatom besteht aus 1 Proton und 1 Elektron. Zeige mittels des Energiesatzes $E(r) = E_{kin} + E_{pot}$ und des Bohrschen Postulats $2\pi\,r\,m\,v = h$ für den Grundzustand, dass sich Proton und Elektron so arrangieren, dass die **Gesamtenergie beim Bohrschen Radius r = a ein Minimum** hat.

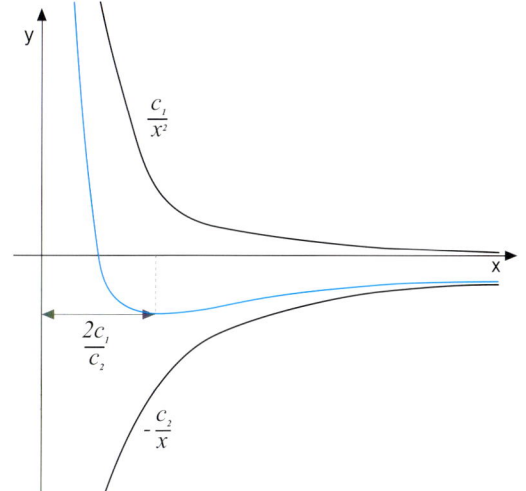

Dazu betrachten wir nebenstehende Skizze:
Wir überlagern die beiden Teilfunktionen

$\dfrac{c_1}{x^2}$ und $-\dfrac{c_2}{x}$, und erhalten die blau

gezeichnete Gesamtfunktion $y = \dfrac{c_1}{x^2} - \dfrac{c_2}{x}$, die

ein Minimum bei $x = \dfrac{2c_1}{c_2}$ hat. Beweis:

$$\frac{dy}{dx} = -\frac{2c_1}{x^3} + \frac{c_2}{x^2} = 0 \qquad \frac{2c_1}{x} = c_2 \quad \rightarrow \quad x = \frac{2c_1}{c_2}$$

Nun übertragen wir dieses Ergebnis auf das Wasserstoffatom.

Für das H – Atom gilt nach Bohr für den Grundzustand n = 1

$$2\pi\,r\,m\,v = h \quad \rightarrow \quad p = \frac{h}{2\pi\,r}.\quad \text{Der Energiesatz lautet:}$$

$$E_{ges.} = E_{kin} + E_{pot} = \frac{p^2}{2m} - \frac{1}{4\pi\varepsilon_0}\frac{e^2}{r}\quad \text{also}$$

$$E(r) = \frac{h^2}{4\pi^2 r^2\,2m} - \frac{1}{4\pi\varepsilon_0}\frac{e^2}{r}.\quad \text{Der Vergleich zu oben skizzierter Funktion ergibt:}$$

$$c_1 = \frac{h^2}{8m\,\pi^2}\quad \text{und}\quad c_2 = \frac{e^2}{4\pi\varepsilon_0}.\quad \text{Das Energieminimum liegt also bei}$$

$$r = a = \frac{2c_1}{c_2} = \frac{2h^2\cdot 4\pi\,\varepsilon_0}{8m\,\pi^2\cdot e^2} = \frac{\varepsilon_0\,h^2}{m\,\pi\,e^2} = \textbf{0,53 Å}$$

Bei r = a hat die Gesamtenergie ein Minimum = - 13,6 eV. Diese **Energiemulde** bedingt den stabilen Zustand des Systems Proton – Elektron. Eine Verkleinerung des Bohrschen Radius würde ein **enormes Anwachsen** der kinetischen Energie des Elektrons bedeuten. Jetzt verstehen wir auch, warum wir nicht durch den Fußboden fallen: Die Atome unserer Schuhe stoßen gegen die Atome des Fußbodens. Um die Atome enger zusammenzuquetschen, also die Elektronen auf einen engeren Raum zusammenzudrängen, würden große kinetische Energien nötig sein. Der Widerstand gegen Kompression ist ein **quantentheoretischer** und kein klassischer Effekt!

Verfeinerung des Bohrschen Atommodells

12 Bei der Herleitung der diskreten Energiestufen E_n des H-Atoms auf Seite 66 wurde die **Mitbewegung** des Protons vernachlässigt, d.h. das Proton wurde als ruhend angenommen. In Wirklichkeit aber umkreisen Elektron und Proton, genau wie Mond und Erde, ihren gemeinsamen Schwerpunkt S. Dies zeigt nachstehende Skizze. Zeige, dass sich diese Zentralkräftebewegung der beiden Körper mit der Elektronenmasse m_e und der Protonenmasse m_p auf ein **äquivalentes Einkörperproblem** zurückführen lässt, wenn man m_e durch die **reduzierte Masse** $\mu = \dfrac{m_e \cdot m_p}{m_p + m_e}$ ersetzt.

Zweikörperproblem	$\longrightarrow$	**Einkörperproblem**

Elektron der Masse m_e und Proton m_p bewegen sich mit v_1 und v_2 im Abstand r_1 und r_2 um den gemeinsamen Schwerpunkt S.

Elektron der Masse μ bewegt sich mit v im Abstand $r = r_1 + r_2$ um das ruhende Proton.

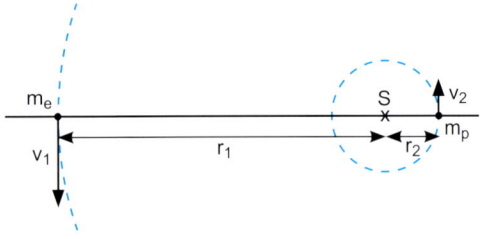
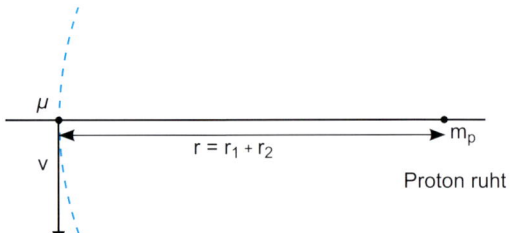

Für den Schwerpunkt S gilt das **Hebelgesetz:** $r_1 m_e = r_2 m_p \;\rightarrow\; r_2 = \dfrac{m_e}{m_p} r_1$

Ferner gilt: $v_1 = \dfrac{2\pi \cdot r_1}{T}$, $v_2 = \dfrac{2\pi \cdot r_2}{T}$ und $v = \dfrac{2\pi(r_1 + r_2)}{T} = \dfrac{2\pi \cdot r_1}{T}\left(1 + \dfrac{m_e}{m_p}\right)$

Der **Energiesatz** ergibt: $\dfrac{1}{2}\mu v^2 - \dfrac{e^2}{4\pi\varepsilon_0(r_1 + r_2)} = \dfrac{1}{2}m_e v_1^2 + \dfrac{1}{2}m_p v_2^2 - \dfrac{e^2}{4\pi\varepsilon_0(r_1 + r_2)}$, also

$$\mu \cdot r_1^2\left(1 + \frac{m_e}{m_p}\right)^2 = m_e r_1^2 + m_p \frac{m_e^2}{m_p^2} r_1^2 \quad \text{oder} \quad \mu\left(1 + \frac{m_e}{m_p}\right)^2 = m_e\left(1 + \frac{m_e}{m_p}\right), \text{ also } \quad \mu = \frac{m_e}{1 + \dfrac{m_e}{m_p}} = \frac{m_e \cdot m_p}{m_p + m_e}$$

Für den Korrekturfaktor ξ ergibt sich: $\mu = m_e \cdot \xi$ und $\xi = \dfrac{1}{1 + \dfrac{m_e}{m_p}} = \dfrac{1}{1 + \dfrac{1}{1836}} = $ **0,99946**

Man bezeichnet μ als reduzierte Masse. Verfeinert man das Bohrsche Atommodell durch Berücksichtigung der **Mitbewegung** des Protons, so erhält man die Energiewerte E_n von Seite 66, allerdings muss die Elektronenmasse m_e durch die reduzierte Masse $\mu = m_e \xi$ ersetzt werden. Damit ergibt sich für die Ionisierungsenergie des H-Atoms 13,6 eV ξ = **13,59 eV.** Der Korrekturfaktor ξ = 0,99946 ist für das H-Atom genau experimentell nachgewiesen worden. Für $m_p \rightarrow \infty$ geht $\xi \rightarrow 1$, d.h. die Kernmitbewegung verschwindet.

Experimenteller Nachweis der Kernmitbewegung

13 Das He$^+$ - Ion heißt wasserstoffähnlich, weil es wie das H - Atom aus einem Kern und **einem** ihn umkreisenden Elektron besteht. Der He$^+$ - Kern besteht aus zwei Protonen und zwei Neutronen, also $m_{He} \approx 4m_p$. Der Korrekturfaktor für die Kernmitbewegung beträgt daher

$$\xi = \frac{1}{1+\dfrac{m_e}{4m_p}} = \frac{1}{1+\dfrac{1}{4\cdot 1836}} = \frac{1}{1+\dfrac{1}{7344}} = \frac{1}{1{,}00013617} = \mathbf{0{,}99986}$$

Nach Beispiel 6 beträgt die Ionisierungsenergie von He$^+$ $4\cdot 13{,}6 \; eV$. Das Energieniveauschema des He$^+$ - Ions gleicht dem des H - Atoms, nur sind wegen $Z^2 = 4$ sämtliche Energiedifferenzen um den Faktor 4 vergrößert. Also $h\cdot \nu = 4\cdot 13{,}6 \; eV\left(\dfrac{1}{n^2}-\dfrac{1}{m^2}\right)$. Für n = 4 und m = 5,6,7,8,9...... erhält man z.B. die sog. **Pickering - Serie** des He$^+$ - Ions. Der amerikanische Astronom Edward Pickering beobachtete diese nach ihm benannte Serie zuerst im Spektrum gewisser Fixsterne.

Würde es keine Kernmitbewegung geben, so würde die Energie der Pickering - Linie des He$^+$ - Ions, die beim Sprung des Elektrons von m = 6 auf n = 4 entsteht, **exakt** mit der energieärmsten Linie der Balmer- Serie des Wasserstoffs **zusammenfallen**, da

$$E = \; h\cdot \nu = 4\cdot 13{,}6 \; eV\left(\frac{1}{4^2}-\frac{1}{6^2}\right) = 13{,}6 \; eV\left(\frac{4}{4^2}-\frac{4}{6^2}\right) = 13{,}6 \; eV\left(\frac{1}{2^2}-\frac{1}{3^2}\right) = \text{Energie der Balmer H}_\alpha\text{ - Linie.}$$

Das Experiment jedoch ergibt eine Wellenlängendifferenz von $\Delta\lambda = \lambda^H_{3\to 2} - \lambda^{He^+}_{6\to 4} = 3\,\text{Å}$. Die Erklärung dafür ist die **Kernmitbewegung**. Denn aufgrund der Kernmitbewegung haben wir zwei verschiedene Korrekturfaktoren: $\xi_1 = 0{,}99946$ für das H - Atom und $\xi_2 = 0{,}99986$ für das He$^+$ - Ion. Daher fallen obige Linien nicht mehr zusammen, sondern es ergeben sich verschiedene Energien und damit verschiedene Wellenlängen:

$$E_1 = \; h\cdot \nu_1 = \frac{hc}{\lambda_1} = 13{,}6 \; eV \cdot \xi_1\left(\frac{1}{4}-\frac{1}{9}\right) \quad \text{für obige Balmer - Linie des H - Atoms und}$$

$$E_2 = \; h\cdot \nu_2 = \frac{hc}{\lambda_2} = 13{,}6 \; eV \cdot \xi_2\left(\frac{1}{4}-\frac{1}{9}\right) \quad \text{für obige Pickering - Linie des He}^+\text{ - Ions.}$$

Setzt man die entsprechenden Werte ein, so erhält man $\Delta\lambda = \lambda_1 - \lambda_2 = \mathbf{3\text{Å}}$ wie es das Experiment fordert.

Aus dieser Übereinstimmung zwischen Rechnung und spektroskopischem Befund ist nachgewiesen, dass der **Schwerpunktsatz** der klassischen Mechanik, der bei der Berechnung der Kernmitbewegung benutzt wurde, auch im **atomaren Bereich** seine Gültigkeit hat. Zur weiteren Bestätigung hat man auch die Spektren der höheren wasserstoffähnlichen Ionen Li^{++}, Be^{+++}, B^{++++} bis zum siebenfach ionisierten Sauerstoffatom O^{7+} ausgemessen und genaue Übereinstimmung mit der Theorie der Kernmitbewegung gefunden.

Heisenbergsche Unschärferelation

14 Werner Heisenberg gibt in seinem Buch „Physikalische Prinzipien der Quantentheorie" das folgende Beispiel: Man könnte daran denken, die Lage des Elektrons mit einem Mikroskop zu messen. Dazu müsste man es mit Licht beleuchten. Bei der Streuung eines Lichtquants wird aber auf das Elektron ein Impuls übertragen, so dass nach Vollzug der Ortsbestimmung die Geschwindigkeit in unbekannter Weise geändert ist. Um die Ortsbestimmung möglichst genau durchzuführen, müsste man kurzwelliges Licht (= energiereiche Lichtquanten) verwenden, da dann das **Auflösungsvermögen** des Mikroskops besser ist. Dies wäre aber mit einer noch schwerwiegenderen Störung des Elektrons verbunden. Es gilt: Je genauer die Ortsmessung (energiereiche Lichtquanten), desto ungenauer die Impulsmessung (da Störung durch Streuung des energiereichen Lichtquants schwerwiegend). Abb. 52 zeigt den physikalischen Sachverhalt.

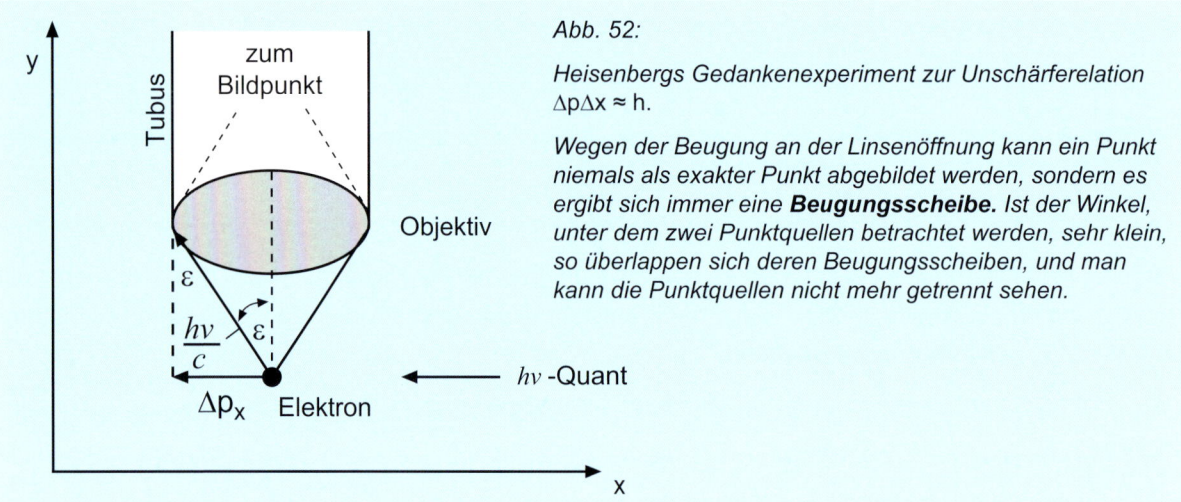

Abb. 52:

Heisenbergs Gedankenexperiment zur Unschärferelation
$\Delta p \Delta x \approx h$.

*Wegen der Beugung an der Linsenöffnung kann ein Punkt niemals als exakter Punkt abgebildet werden, sondern es ergibt sich immer eine **Beugungsscheibe.** Ist der Winkel, unter dem zwei Punktquellen betrachtet werden, sehr klein, so überlappen sich deren Beugungsscheiben, und man kann die Punktquellen nicht mehr getrennt sehen.*

Das Elektron bewege sich in einem solchen Abstand unter dem Objektiv des Mikroskops, dass der Öffnungswinkel des vom Elektron ausgehenden gestreuten Strahlenbündels ε beträgt. Wellenlänge und Frequenz des auf das Elektron fallenden Lichtes sei λ bzw. ν.

Die Genauigkeit der Ortsmessung in x – Richtung beträgt dann nach den **Gesetzen der Wellenoptik**

$\Delta x \approx \dfrac{\lambda}{\sin \varepsilon}$ = kleinster Abstand, den zwei Objekte haben dürfen, damit sie im Mikroskop gerade noch getrennt werden können.

Zur Ortsmessung muss mindestens ein Lichtquant am Elektron gestreut werden und durch das Mikroskop ins Auge des Betrachters gelangen. Durch dieses Lichtquant erhält das Elektron einen Compton – Rückstoß der Größenordnung $\dfrac{h\nu}{c}$. Der Rückstoß ist aber **nicht** genau bekannt, da die Richtung des gestreuten Lichtquants innerhalb des Strahlenbündels vom Öffnungswinkel ε unbekannt ist. Für die Unsicherheit des Rückstoßes in der x – Richtung gilt nach Abb. 52:

$$\Delta p_x = \frac{h\nu}{c} \sin \varepsilon \quad \rightarrow \quad \Delta p_x \cdot \Delta x = \frac{h\nu}{c} \sin \varepsilon \cdot \frac{\lambda}{\sin \varepsilon}. \text{ Da } c = \lambda \cdot \nu$$

$$\rightarrow \quad \boldsymbol{\Delta p_x \cdot \Delta x} = \frac{h\nu}{\lambda \cdot \nu} \sin \varepsilon \cdot \frac{\lambda}{\sin \varepsilon} = \mathbf{h} \quad \text{also die \textbf{Heisenbergsche Unschärferelation} für Ort und Impuls.}$$

Der Dimensions – check

15 Abschließend ein Wort zu den Maßeinheiten. Mit den Grundgrößen **Länge** (m), **Zeit** (sec), **Masse** (kg), **Temperatur** (°K) und **elektrische Ladung** (Asec) haben wir ein System von Grundgrößen, auf das sich prinzipiell alle anderen physikalischen Größen zurückführen lassen. Der Physiker hat daher eine einfache **Kontrollmöglichkeit** von Formeln, denn eine Gleichung ist nur dann richtig, wenn die auf beiden Seiten stehenden Ausdrücke in jedem Stadium der Rechnung und im Endergebnis die **gleiche Dimension** haben.

Beispiel: Die Gleichung $s = \dfrac{1}{2} g \, t$ ist falsch, da links für den Weg m steht und rechts $\dfrac{m}{\sec^2} \cdot \sec = \dfrac{m}{\sec}$,

es muss vielmehr $s = \dfrac{1}{2} g \, t^2$ für die Fallstrecke heißen.

Dimensionsbetrachtungen können darüber hinaus auch zum Auffinden **neuer** physikalischer Zusammenhänge führen. Berühmtes Beispiel dafür ist die Quantenbedingung von Bohr: Niels Bohr suchte nach einer Begründung für die Elektronenbahnen im H – Atom, auf denen die Elektronen nicht strahlen und daher keine Energie verlieren. Er fand 1913 die Lösung über eine Dimensionsüberlegung und griff dabei auf Max Planck zurück. Planck hatte im Jahr 1900 für die Energieniveaus des harmonischen Oszillators die Formel $E_n = n \, \hbar \omega$ oder $E_n \, \omega^{-1} = n \, \hbar$ gefunden. $E_n \, \omega^{-1}$ hat die Dimension Joule · sec. Eine physikalische Größe mit der Dimension Energie · Zeit heißt **Wirkung** und ist in der Atomphysik gequantelt. Nun hat der Drehimpuls $L = \Theta \, \omega$ auch die Dimension Energie · sec, denn $m \, r^2 \omega = kg \cdot \dfrac{m^2}{\sec} = $ Joule · sec. Also, so sagte sich Bohr, sucht die Natur solche stabilen Elektronenbahnen aus, bei denen der Drehimpuls gequantelt ist: $\Theta \, \omega = n \, \hbar$ → $m \, r^2 \omega = n \cdot \dfrac{h}{2\pi}$ → $2\pi \, r \cdot m \, v = n \cdot h$,

das aber ist die Bohrsche Quantenbedingung von Seite 55.

Mache für die folgende Formel von Seite 4 den Dimensions – check:

F = e (E + v x B)

$$= A \sec \left(\frac{V}{m} + \frac{m}{\sec} \cdot \frac{V \sec}{m^2} \right) = A \sec \cdot \frac{V}{m} = \frac{Joule}{m} = \frac{N \, m}{m} = N \text{ wie es sein muss.}$$

Beim Quanten-Hall-Effekt spielt die **Von-Klitzing-Konstante** $R_K = \dfrac{h}{e^2}$ eine Rolle, wobei h die Plancksche Konstante und e die elektrische Ladung des Elektrons ist. Zeige, dass diese Konstante die Dimension eines elektrischen Widerstandes hat. R_K hat die Dimension

$$\frac{Joule \cdot \sec}{A^2 \sec^2} = \frac{VA \, \sec \cdot \sec}{A^2 \sec^2} = \frac{V}{A} = \Omega \text{ wie behauptet.}$$

„Ich habe das Buch E = mc² gelesen und finde, es ist eine wunderschöne Einführung in den The-menkreis der speziellen Relativitätstheorie. Die Darstellung ist mathematisch relativ elementar und mit Schulmathematik ohne weiteres zu bewältigen. Trotzdem erschließt sich dem Leser der physikalische Gehalt der speziellen Relativitätstheorie in voller Tiefe. Auch die Einbettung der speziellen Relativitätstheorie als physikalisches Gedankengebäude in einen historischen Zusam-menhang halte ich für sehr gelungen."

(Prof. Dr. Roland Sauerbrey, Präsident der Deutschen Physikalischen Gesellschaft und Direktor des Instituts für Optik und Quantenelektronik der Friedrich-Schiller-Universität Jena)

„Ich habe das Buch 'in einem Rutsch' durchgelesen. Das Buch stellt einen erfolgreichen Versuch dar, die großartigen - mittlerweile klassischen - Theorien Einsteins in elementarer und eindrucks-voller Weise Schülern der gymnasialen Oberstufe näher zu bringen. Es enthält aus meiner Sicht eine didaktisch sehr gut überlegte Einführung in die spezielle Relativitätstheorie mit sehr einpräg-samen Beispielen."

(Prof. Dr. Claus Grupen, Dekan des Fachbereichs Physik, Universität Siegen)

„Diese Schrift ist die kompakteste und am leichtesten verständliche Einführung in die spezielle Relativitätstheorie in deutscher Sprache."

(Prof. Dr. Hans-Ulrich Keller, Carl-Zeiss-Planetarium Stuttgart)

„Meanwhile I have looked at the book E = mc² and like it very much, congratulations to Andreas Wünschmann for the beautiful book."

(Prof. Dr. Jürgen Renn, Direktor am Max-Planck-Institut für Wissenschaftsgeschichte in Berlin an Harvey Shoolman, England)

„Die Schrift bietet eine elementare und didaktisch eindrucksvolle Darstellung der Relativitäts-theorie. Sie enthält interessante Anregungen für den Unterricht in der Oberstufe."

(Dr. Annette Schavan, Kultusministerin von Baden-Württemberg, in einem Schreiben an die Schul-leitungen der Gymnasien)

„Mit der Schrift E = mc² ist es dem Autor sehr gut gelungen, einen bedeutenden Fortschritt der Physik des 20. Jahrhunderts so in einer interessanten und anregenden Weise darzustellen, dass es Schülern der Oberstufe des Gymnasiums möglich ist, wichtige Einsichten und Zusammenhänge nachzuvollziehen."

(StD Jürgen Miericke, Seminarlehrer für Physik am Hardenberg-Gymnasium in Fürth)

„Mit der Einstein-Broschüre, die unsere Schule als Klassensatz angeschafft hat, habe ich in diesem Leistungskurs sehr erfolgreich unterrichtet."

(Ehrentraud Laska, OStR' am Abtei-Gymnasium Pulheim-Brauweiler)

„Vor kurzem haben wir im Physik-LK Ihr Buch E = mc² gelesen. Ich war sehr angetan von diesem Buch."

(Schüler-E-Mail)

A. Wünschmann, Das Photon im Kasten - die Kontroverse Einstein – Bohr

Format 20 x 27 cm, 16 S., 9 Abb., brosch., € 4,– zzgl. Versand

Inhalt:
Der 6. Solvay-Kongress in Brüssel • Heisenberg war überzeugter Platoniker • Die Heisenbergschen Unschärferelationen • Einsteins Gedankenexperiment: Das Photon im Kasten • Bohrs quantitative Widerlegung • Das Äquivalenzprinzip der allgemeinen Relativitätstheorie • Die gravitative Rotverschiebung

Einstein-Poster ▶
Format 50 x 70 cm, € 6,– zzgl. Versand

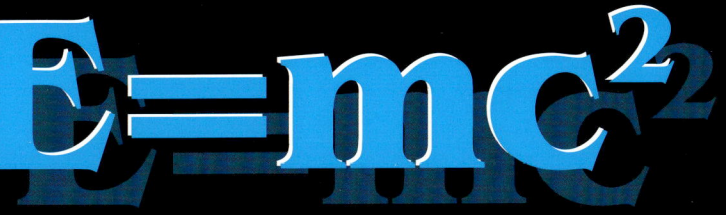

E=mc²

Eine Formel verändert das physikalische Weltbild

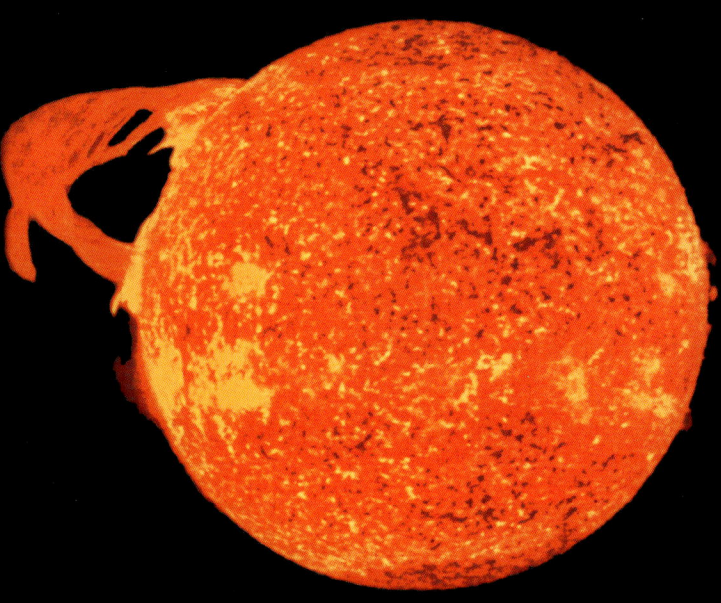

Unsere Sonne ist ein gewaltiger Kernfusionsreaktor, in ihrem Zentrum herrscht eine Temperatur von etwa 20 Millionen Grad.
Bei der Kernverschmelzung vereinigen sich 4 Wasserstoffkerne (Protonen) zu einem Heliumkern. Dabei tritt ein Massenverlust auf, der nach der Einsteinschen Gleichung $E = mc^2$ als Energie erscheint. In jeder Sekunde werden im Innern der Sonne etwa 500 Millionen Tonnen Wasserstoffkerne in 496 Millionen Tonnen Helium umgewandelt, der Rest wird als Energie abgestrahlt: Unsere Sonne wird in jeder Sekunde um 4 Millionen Tonnen leichter - so viel „wiegt" nach Einstein die Energie, die von der Sonne pro Sekunde ins Weltall abgestrahlt wird.

1879
wurde Albert Einstein am 14. März in Ulm geboren.

1905
veröffentlichte er als Hilfs-gutachter beim Schweizer Patentamt in Bern seine drei grundlegenden Arbeiten über Wärmetheorie, Quantentheorie und Elektrodynamik bewegter Körper im Band 17 der „Annalen der Physik".

1916
schuf Einstein die allgemeine Relativitätstheorie.

1932
verließ Einstein Deutschland und emigrierte nach Amerika.

1955
ist er am 18. April in Princeton gestorben.

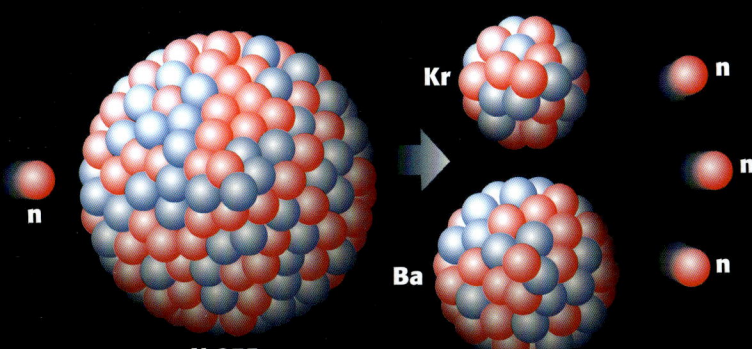

Auch in Leichtwasserreaktoren tritt bei der Spaltung von U-235 ein Massenverlust auf, der nach Einstein mit einer Energie-freisetzung verbunden ist.
Bei der Spaltung von U-235 durch Neutro-nen (n) kann es verschiedene Trümmer-kerne geben, z.B. Barium und Krypton. Bei der vollständigen Spaltung von 1 kg U-235 wird eine Energie von ca. 23 Mil-lionen kWh frei; das entspricht nach Einstein einem Massenverlust von 0,9 g.

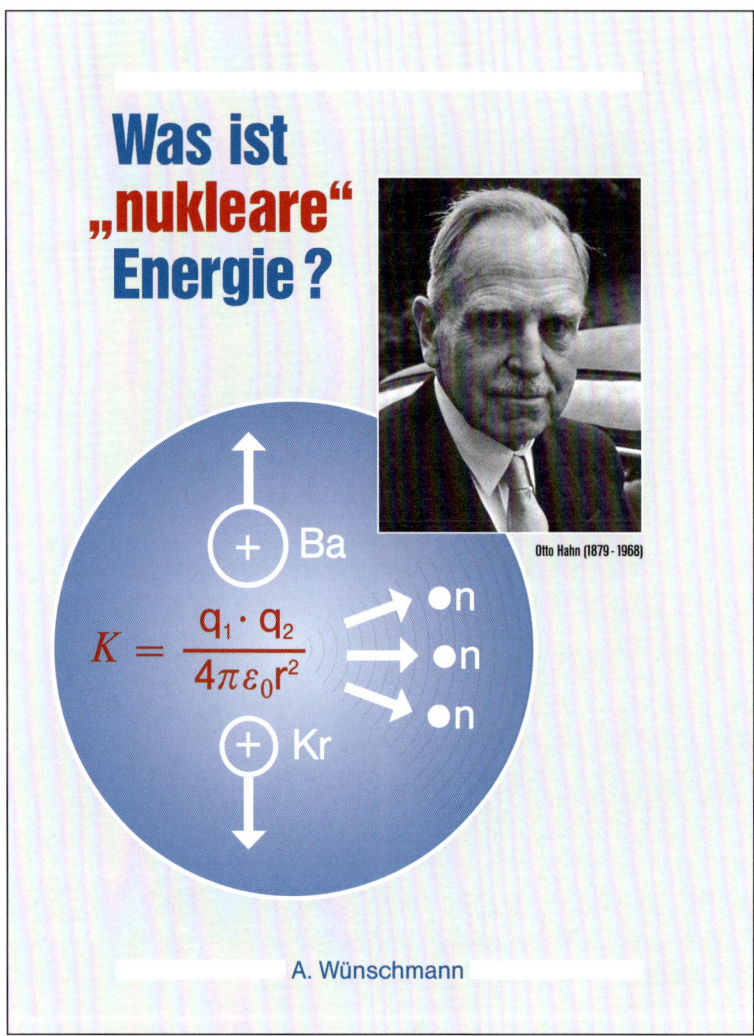

A. Wünschmann, Was ist „nukleare" Energie?

Format 17 x 24 cm, 32 S., 19 Abb., brosch., € 5,– zzgl. Versand

Inhalt:
Das Coulombsche Gesetz • Coulombkraft und Kernkräfte • Abschätzung der bei der Kernspaltung von Uran 235 freiwerdenden Energie mit Hilfe des Coulombgesetzes • Prinzip der konventionellen und „nuklearen" Stromerzeugung • Strahlenbelastung im Vergleich • Wer war Otto Hahn?

Studien-Verlag Wünschmann

Kahlenbergring 38
67292 Kirchheimbolanden
Telefon: 0 63 52 / 18 83
Telefax: 0 63 52 / 63 87
E-mail: sv-wuenschmann@t-online.de
www.sv-wuenschmann.de

Verwendete Literatur

Blochinzew:	Grundlagen der Quantenmechanik, Frankfurt
Born:	Erlebnisse und Einsichten im Atomzeitalter, München
Durant:	Kulturgeschichte der Menschheit, Band 3, Ullstein
Feynman:	Quantenmechanik, Addison-Wesley
Finkelnburg:	Einführung in die Atomphysik, Springer-Verlag
Fischer:	Niels Bohr, Piper
Gerthsen:	Physik, Springer-Verlag
Goldstein:	Klassische Mechanik, Frankfurt
Grimsehl:	Lehrbuch der Physik, Band 1, Leipzig
Hahn:	Otto Hahn, List
Heisenberg:	Physikalische Prinzipien der Quantentheorie, Hirzel
	Physik und Philosophie, Ullstein
	Der Teil und das Ganze, dtv
Hermann:	Große Physiker, Stuttgart
Höfling:	Lehrbuch der Physik, Dümmler
Pauling:	Die Natur der chemischen Bindung, Weinheim
Planck:	Vom Wesen der Willensfreiheit und andere Vorträge, Fischer
Plutarch:	Von großen Griechen und Römern, dtv
v.Scheffer:	Die Kultur der Griechen, Parkland
Schrödinger:	Was ist Leben?, Wissenschaftliche Buchgesellschaft
	Die Natur und die Griechen, Rowohlt
	Was ist ein Naturgesetz?, Oldenbourg
Sommerfeld:	Atombau und Spektrallinien, Band 1, Braunschweig
Sugimoto:	Albert Einstein, Moos & Partner
Tipler:	Physik, Spektrum Akademischer Verlag

Bildnachweis

Abb. 1:	Archiv Wünschmann	Abb. 11-20:	Archiv Wünschmann	Abb. 37:	Archiv Wünschmann
Abb. 2a,2b:	Gerthsen	Abb. 21, 22:	Finkelnburg	Abb. 38,39:	Feynman
Abb. 3a:	Grimsehl	Abb. 23, 24:	Blochinzew	Abb. 40, 41:	Fischer
Abb. 3b:	Höfling/Gerthsen	Abb. 25:	Feynman	Abb. 42:	Sugimoto
Abb. 4:	Sommerfeld	Abb. 26:	Höfling	Abb. 43:	Hermann
Abb. 5:	Finkelnburg	Abb. 27:	Blochinzew	Abb. 44, 45:	Hahn
Abb. 6, 7:	Grimsehl	Abb. 28:	Heisenberg	Abb. 46:	Tipler
Abb. 8:	Blochinzew	Abb. 29:	Blochinzew	Abb. 47:	Feynman
Abb. 9:	Archiv Wünschmann	Abb. 30:	Pauling	Abb. 48-50:	v. Scheffer
Abb. 10a:	Hermann	Abb. 31-35:	Feynman	Abb. 51:	Finkelnburg
Abb. 10b:	Sugimoto	Abb. 36:	Pauling	Abb. 52:	Heisenberg

Griechisches Alphabet

Das griechische Alphabet besteht aus den folgenden 24 Buchstaben, die als Symbole in der Physik und Mathematik häufig verwendet werden:

A	α	**alpha**	E	ε	**epsilon**	I	ι	**iota**	N	ν	**ny**	P	ρ	**rho**	Φ	φ	**phi**
B	β	**beta**	Z	ζ	**zeta**	K	κ	**kappa**	Ξ	ξ	**xi**	Σ	σ	**sigma**	X	χ	**chi**
Γ	γ	**gamma**	H	η	**eta**	Λ	λ	**lambda**	O	o	**omikron**	T	τ	**tau**	Ψ	ψ	**psi**
Δ	δ	**delta**	θ	ϑ	**theta**	M	μ	**my**	Π	π	**pi**	Y	υ	**ypsilon**	Ω	ω	**omega**

Verwendete physikalische Konstanten

Influenzkonstante	$\varepsilon_0 = 8{,}8542 \cdot 10^{-12}$ Cb^2 /Nm^2
Lichtgeschwindigkeit im Vakuum	$c = 3 \cdot 10^8$ m/sec
Plancksches Wirkungsquantum	$h = 6{,}625 \cdot 10^{-34}$ Joule $\cdot$ sec
Ruhmasse des Elektrons bzw. Positrons	$m_0 = 9{,}1 \cdot 10^{-31}$ kg
Massenverhältnis Proton: Elektron	$m_p / m_e = 1836$
Elektrische Ladung des Elektrons	$e = 1{,}6021 \cdot 10^{-19}$ Cb
Gaskonstante	$R = 8{,}314$ Joule mol^{-1} °K^{-1}
Loschmidtsche Zahl	$L = 6{,}022 \cdot 10^{23}$ Teilchen mol^{-1}
Boltzmann-Konstante	$k = \dfrac{R}{L} = 1{,}381 \cdot 10^{-23}$ Joule °K^{-1}

Verwendete Maßeinheiten

Länge:	Meter $= m$	die Längeneinheit 10^{-10} m heißt auch 1 Ångström $= 1$ Å
Masse:	Kilogramm $=$ kg	
Zeit:	Sekunde $=$ sec	$1\ \mu\mathrm{sec} = 10^{-6}$ sec

Die mittlere Lebensdauer τ ist die Zeit, in der die Anzahl der zerfallenden Teilchen auf $\dfrac{1}{e} \approx 37\,\%$ abnimmt

($e = 2{,}718\ldots$ Eulersche Zahl).

Geschwindigkeit: $\dfrac{m}{sec}$

Beschleunigung: $\dfrac{m}{sec^2}$

Kraft: $\qquad 1$ Newton $= 1\ N = 1\ \dfrac{kg \cdot m}{sec^2} \qquad 1$ kp $= 9{,}81$ Newton(N)

Energie: $\qquad 1$ Joule (J) $= 1$ Newtonmeter (Nm) $= 1$ Wattsekunde (Wsec) $= 1$ Cb $\cdot$ 1 V

1 kcal $= 4{,}19 \cdot 10^3$ Joule $= 4{,}19$ kJ $=$ Wärmemenge, die nötig ist, um 1 kg Wasser um 1° C zu erwärmen.

1 Joule $= 1$ Wsec $= \dfrac{1}{1000 \cdot 3600}$ kWh $= 2{,}78 \cdot 10^{-7}$ kWh

1 Joule $= 1{,}02 \cdot 10^{-1}$ kpm, d.h. 1 Joule ist die Energie, die nötig ist, um 1,02 Kilogramm Materie 10 cm hoch zu heben.

1 Elektronenvolt $= 1$ eV $= 1{,}6 \cdot 10^{-19}$ Joule, 1 MeV $= 10^6$ eV

Leistung: $\qquad 1$ Watt (W) $= 1\ \dfrac{Joule}{sec}$

Temperatur: °C oder °K

Der Zusammenhang zwischen der absoluten Temperatur T in Grad Kelvin und der Celsiustemperatur t lautet: $T = 273{,}15$ °C $+ t$.